Adobe Photoshop+Illustrator+InDesign
协同高效应用经典教程

［比］巴尔特·范德维勒（Bart Van de Wiele）◎ 著

武传海 ◎ 译

人民邮电出版社

北京

图书在版编目（CIP）数据

Adobe Photoshop+Illustrator+InDesign 协同高效应
用经典教程 ／（比）巴尔特·范德维勒
(Bart Van de Wiele) 著；武传海译. -- 北京：人民
邮电出版社，2024.7
ISBN 978-7-115-64112-0

Ⅰ. ①A… Ⅱ. ①巴… ②武… Ⅲ. ①图形软件—教材
Ⅳ. ①TP391.412

中国国家版本馆 CIP 数据核字(2024)第 067602 号

版权声明

◆ 著　　　　[比] 巴尔特·范德维勒（Bart Van de Wiele）
　　译　　　　武传海
　　责任编辑　王　冉
　　责任印制　马振武
◆ 人民邮电出版社出版发行　　北京市丰台区成寿寺路 11 号
　　邮编　100164　　电子邮件　315@ptpress.com.cn
　　网址　https://www.ptpress.com.cn
　　三河市君旺印务有限公司印刷
◆ 开本：787×1092　1/16
　　印张：17.5　　　　　　　　　　2024 年 7 月第 1 版
　　字数：475 千字　　　　　　　　2024 年 7 月河北第 1 次印刷
　　著作权合同登记号　图字：01-2023-4521 号

定价：89.90 元
读者服务热线：(010)81055410　印装质量热线：(010)81055316
反盗版热线：(010)81055315
广告经营许可证：京东市监广登字 20170147 号

内容提要

    本书由 Adobe 产品专家编写，是 Adobe Photoshop、Illustrator 和 InDesign 协同应用的经典学习用书。

    全书共 9 课，每一课首先介绍重要的知识点，然后借助具体的示例进行讲解，步骤详细，重点明确，能帮助读者尽快学会如何进行实际操作。本书主要包含工作流程与文件格式，用 Photoshop 内容丰富 Illustrator 作品，在 InDesign 中使用包含图层的 Photoshop 文件，在 InDesign 中使用 Photoshop 路径、Alpha 通道和灰度图像，在 InDesign 中使用 Illustrator 图稿，在 Photoshop 中使用 Illustrator 图稿，嵌套文档，使用 Creative Cloud 库，共享 Creative Cloud 库等内容。

    本书语言通俗易懂，并配以大量的图示，特别适合新手学习。有一定软件使用经验的读者也可从本书中学到大量高级功能和新增的功能。本书还适合作为高校相关专业和社会相关培训机构的教材。

前　言

　　欢迎学习本书，本书旨在配合使用 Adobe 三大设计软件（Adobe Photoshop、Adobe Illustrator、Adobe InDesign）改进工作流程。全书包含 9 课内容，主要介绍如何充分利用这三大设计软件，以及多软件协同应用的完整工作流程。掌握了这套流程，我们做项目时将会更加得心应手。

　　这 3 款 Adobe 设计软件都有其独特的优势，也各有不足。例如，InDesign 是一款优秀的排版与多页面布局软件，但它不能做图像润饰方面的工作；Photoshop 在图像润饰方面非常出色，但其绘画工具不如 Illustrator 丰富；Illustrator 可用来设计单页布局，但它缺少 InDesign 中的高级文字功能、图像布置选项和自动化功能。在特定的项目中，往往需要配合使用它们才能顺利地完成特定任务。了解这些软件之间的交互方式非常重要，只有掌握了它们的交互方式，才能做出令人惊艳的作品。只有当你知道自己在做什么的时候，成功才有保障。若做不到这一点，你会发现很难对现有设计再做更改，这是因为现有设计中的某些组成部分可能已经被合并了，或者文字已经转换成了轮廓，或者个别元素已经脱离了你的控制。你希望这 3 款软件能够流畅地协作，但是当你需要花时间回退操作时，你肯定会感到非常沮丧。

　　本书旨在帮助你做出正确的决定，教你如何在采取具体行动之前把握关键性问题，以及如何使用 Photoshop、Illustrator 和 InDesign 协同工作。

关于本书

　　本书是 Adobe 官方推出的培训教程之一，经过精心设计与编排，方便大家根据自己的实际情况自主安排学习。本书的目标读者是平面设计师、印刷设计师、插画师、网页设计师，以及那些需要在项目中配合使用多款设计软件的人。学习本书内容之前，你需要对 Photoshop、Illustrator、InDesign 这 3 款软件有基本的了解。本书讲解的所有协作流程方面的知识都很容易掌握，而且针对的是之前没有这方面知识的设计师。

　　尽管本书每一课都给出了创建特定项目的详细步骤，但仍留出了大量空间供大家去探索、尝试。每一课最后都有一些复习题，用来帮助大家回顾学习的知识，增强大家应用这些新知识和技术的信心。

学前准备

本书重点讲解多个应用程序配合使用的工作流程。具体内容包括如何正确设置各种文件和文档，以及在选择行动方案之前需要考虑哪些因素。关于如何入门 Photoshop、Illustrator 或 InDesign 不在本书讨论范围内，如果你想学习这些内容，建议你阅读本系列专门讲解这方面内容的图书。

阅读本书之前，你最好具备一些 Photoshop、Illustrator、InDesign 的基础知识，这样你才能从本书的学习中取得最大的收获。掌握这些基础知识，可确保你成功完成书中练习，而不需要浪费时间去查询那些基本功能和操作。

使用 Photoshop 时，你应该对以下功能有所了解。
- 创建与管理图层。
- 使用基础选择工具。
- 创建与应用投影等图层样式。
- 创建与使用调整图层。
- 理解图层蒙版。
- 使用文字图层与形状图层。

使用 Illustrator 时，你应该了解以下功能。
- 使用基础选择工具。
- 创建与管理图层。
- 创建与使用画板。
- 应用色板。

对于 InDesign，你应该熟悉以下功能。
- 应用基础文本格式和样式。
- 放置、移动、转换图像。
- 使用【链接】面板重新建立或更新链接。

首选项设置

学习每一课之前，第一步都是重置首选项。重置首选项之后，程序会恢复到默认的"出厂设置"状态。这样可以确保你实际看到的软件界面和书中截图是一致的。不过，需要注意的一点是，重置首选项之后，你对程序所做的任何设置都会被撤销，例如，自定义 InDesign 工作区或 Photoshop 中的颜色设置。如果你担心重置首选项会影响那些已保存的设置，那么可跳过这一步。

更改用户界面

重置首选项后，用户界面颜色会变成中灰色。但是，本书截取的所有界面图都是浅灰色用户界面。如果你希望自己看到的软件用户界面颜色与书中截图一模一样，每次重置首选项后，请更改用户界面的颜色方案，使其从中灰色变为浅灰色，具体操作如下。

❶ 启动应用程序，在菜单栏中依次选择【程序名称】>【首选项】>【常规】（macOS），或者选择【编辑】>【首选项】>【常规】（Windows）。

❷ 在【首选项】对话框的左侧栏中单击【界面】（Illustrator 中是【用户界面】）。

❸ 单击左起第 3 个颜色主题（浅灰色），如图 0-1 所示。

图 0-1

❹ 单击【确定】按钮，关闭【首选项】对话框。

 激活字体

课程文件中用到的许多字体都是 Adobe 提供的，但你必须是 Creative Cloud 会员才能使用它们。

当你打开一个课程文件时，若弹出【缺失字体】对话框，单击【激活】按钮。此时，程序会自动从 Creative Cloud 下载所需字体，下载完成后，你就可以在自己的计算机中使用它们了。

 在 InDesign 中更新链接

在 InDesign 中置入图像时，程序会把图像文件的路径作为文件链接的一部分保存起来。当你把 InDesign 文件（及其链接）移动到另外一个位置时，其置入图像的链接就会断开，因为置入图像的路径发生了变化。

当你打开一个 InDesign 文件时，若弹出【链接相关问题】对话框，请单击【更新修改的链接】按钮，修复断开的链接。

 本地保存与云端保存

第一次在 Photoshop 或 Illustrator 中保存文件时，程序会问你是把文件保存到本地计算机上还是保存到云端，如图 0-2 所示。在本书的学习过程中，建议你把每个工程文件保存到本地计算机的桌面上，除非明确要求你把它保存到云端。因为把文件保存到计算机的桌面上是一个非常基础的操作，甚至许多演示范例都没有提及具体操作。在选择保存到本地计算机还是云端的对话框中，勾选【不再显示】选项后，该对话框将不再显示。但当重置首选项后，每次保存新文件，这个对话框都会重新弹出来。

图 0-2

 存储文件设置

在 Illustrator 中存储一个新文件，或者使用【存储为】命令保存文件时，会弹出【Illustrator 选项】对话框。此时，单击【确定】按钮，接受默认设置即可。

在 Photoshop 中保存一个文件时，若弹出【Photoshop 格式选项】对话框，则勾选【最大兼容性】和【不再显示】选项，然后单击【确定】按钮。

 更多资源

本书的目标不是要取代各个软件的说明文档，也不会完整地介绍软件的每项功能。本书只介绍课程中用到的软件命令和选项。有关 Photoshop、Illustrator 和 InDesign 功能和教程的全面信息，请参考以下资源。你可以在每个应用程序的【帮助】菜单中选择相应命令来访问这些资源。

Adobe 学习和支持：在菜单栏中依次选择【帮助】>【×××帮助】（×××指代具体程序名称），在浏览器中打开 Adobe 官网的【×××学习和支持】页面。在【×××学习和支持】页面中，单击【用户指南】，可获取快速解答和分步说明。

互动教程：若想观看各个应用程序的交互教程，请在【主页】中单击【学习】，或者使用如下方式之一将其打开。

- 在 Photoshop 中，在菜单栏中依次选择【帮助】>【实操教程】，打开【发现】面板，其中列出了一系列实操教程，供大家学习。
- 在 Illustrator 中，在菜单栏中依次选择【帮助】>【Illustrator 帮助】，弹出【发现】对话框，其中列出了丰富的学习资源。

- 在 InDesign 中，在菜单栏中依次选择【帮助】>【InDesign 教程】，打开 Adobe 官方的 InDesign 教程页面。

Adobe 博客：在 Adobe 博客页面中可以找到大量有关使用 Adobe Creative Cloud 产品的教程、产品新闻和启发灵感的文章。

Creative Cloud 教程：若想获取创作灵感、关键技术、跨应用程序工作流程和更新的新功能，请访问 Creative Cloud 教程页面。

Adobe 社区：在 Adobe 支持社区页面中，我们可以与他人一起就 Adobe 产品进行讨论、提问与解答。单击特定应用程序的链接，可以访问该应用程序社区。

Adobe Creative Cloud 发现：这个在线资源中有许多讲解设计及设计有关问题的深度好文。在其中，你可以看到大量顶尖设计师和艺术家的优秀作品，以及各种教程等。

教育资源：Adobe Education Exchange 页面为 Adobe 软件课程讲师提供了一个信息宝库。在其中，你可以找到各种水平的培训方案，包括采用综合教学法的免费 Adobe 软件培训课程，这些课程可以用作 Adobe Certified Associate 认证考试的培训课程。

Adobe Creative Cloud 产品主页：该页面中有很多有关应用程序的特性和功能的信息。

目　录

第 1 课

工作流程与文件格式

课程概览

本课讲解以下内容:

- 工作流程;
- 互通性;
- 常见文件格式;
- 原生文件格式。

学习本课大约需要 **30** 分钟

若使用得当,Adobe Photoshop、Illustrator 和 InDesign 会形成强大的合力,助你为设计项目建立灵活的工作流程。

1.1 工作流程

本书每一课都会教你如何同时使用 2 ～ 3 个设计软件（指 Adobe Photoshop、Illustrator 和 InDesign）。学习每个工作流程的过程中，你都需要遵照特定的操作顺序从头开始构建项目。按照特定顺序操作，可以确保你成功构建项目。

"工作流程"的定义为"在特定工作环境下，按照一定规则和步骤完成一项工作所经历的过程"。

这个定义所蕴含的精神贯穿本书每一课的演示范例。这些范例中的每一个步骤和执行顺序背后都有一个确切的原因，就像现实生活一样。事实上，我们的生活和日常安排也可以称为"工作流程"。例如，我们平时都会设置闹钟，以确保第二天能按时起床。起床后，我们梳洗一番，吃早餐，然后为上班做各种准备，比如确保我们不会错过定点的公共汽车或火车。简单地说，我们的日常安排（或者说"流程"）中的每一个步骤都在为下一个步骤做准备。

但是，在一天的工作中，并非总是"风平浪静"的，有时客户可能会要求你修改最后一版设计稿。如果只是简单地调整一下文字，那可能没什么大不了的。但是，如果客户要求你修改的是两周之前的设计稿，或者要求你修改一个图形，而这个图形在 5 个不同的文件中都用到了，且涉及多个设计软件，那该怎么办？从客户的角度来看，这些要求并不过分，都是合理的。但对你来说，达到这些要求并不容易，因为你在规划项目或工作时或许根本没有考虑到这些问题。于是，为了达到客户的要求，你不得不把两周前做过的设计稿重做一遍，或者去找那些用过的字体。也就是说，你必须把设计稿恢复成原来的样子（即由多个基本构件组成的状态），以便灵活地修改设计稿的各个组成部分。你之所以会失去设计稿的基本构件，是因为某个时刻你做了一个决定，把基本构件合并成了一个整体。下面这些行为你可能会觉得十分正常：

- 覆盖服务器上的 Photoshop 文件；
- 合并多个图层；
- 在 Photoshop 中仅保留 6 个 Illustrator 画板中的一个；
- 不执行置入操作，直接把图像复制到 InDesign 中；
- 其他类似操作。

你之所以这么做，可能就是想在工作中走一走"捷径"。但是，在做一些非常复杂的设计时，我们必须抛弃这种走捷径的想法。

我们无法预测未来，在项目设计的整个周期内，我们必须做好随时响应客户修改要求的准备。借助本地集成，我们几乎可以做到随时修改一个复杂设计的任意一个细节。正是得益于这些集成，我们的个人日程安排再也不会被数字工作流程搞得一团糟了。

1.2 互通性

工作流程定义了从开始到完成的过程。你可以把这个过程看作设计师的一个工作框架。借助这个框架，设计师可以规划项目及每天的工作内容，还有如何把项目成功做完。你可以把工作流程看成要做哪些事情。工作流程告诉我们要做什么，而互通性则告诉我们怎么去做。

1.2.1 应用程序之间的互通性

互通性的目标是在不同应用程序之间无缝、平滑地移动资源。要做到这一点，需要对 Photoshop、Illustrator 和 InDesign 等应用程序的工作原理有基本的了解。更具体地说，要了解它们可以用来干什么，以及分别有什么局限性。

假设当前你正在使用 InDesign，你需要使用绘图工具在父页面上创建一个具有特定形状的图形。为了得到这个图形，你需要组合和拼接五六个基本形状，但在这个过程中，你会遇到如下一些问题。

· 选择基本形状时，不小心同时选中了其他对象，如文本框等。因此，你还需要浪费一些时间去做好基本的选择。

· 父页面周围的粘贴板区域太小，无法舒适地开展工作。

· 你突然意识到 InDesign 不具备复杂的矢量图形编辑功能，使你无法轻松地得到所需的形状。当然，你可以使用【路径查找器】面板，但这需要耗费相当多的时间和精力，因为你需要绘制许多不同的形状。

有些设计师可能会想到应该在 Illustrator 中创建形状，然后将其导入 InDesign 中。而另一些设计师则坚持使用 InDesign 来完成这项工作。事实上，大多数设计师都希望一直留在创建项目的主应用程序中，但有时为了完成某个小任务，他们不得不离开主应用程序而去使用其他应用程序，如图 1-1 所示。这就需要设计师清楚地知道如何在不同应用程序之间传送设计资源。

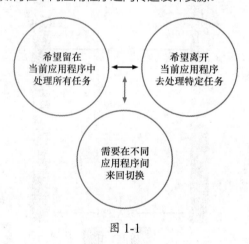

图 1-1

1.2.2 案例研究

下面一起研究一个常见的场景，在这个场景中，你需要配合使用 Illustrator 和 InDesign 才能顺利完成工作。假设你需要把用 Illustrator 制作的图稿导入 InDesign 中使用，有多种方法可以帮你做到这一点。其中，最快捷的一种是直接把图稿从 Illustrator 中复制到 InDesign 中，如图 1-2 所示。

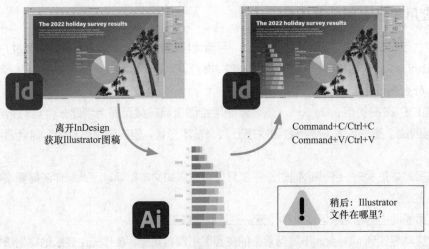

离开InDesign
获取Illustrator图稿

Command+C/Ctrl+C
Command+V/Ctrl+V

！ 稍后：Illustrator
文件在哪里？

图 1-2

当然，你也可以使用 InDesign 中的【置入】命令把 Illustrator 图稿导入设计版面中。图 1-3 展示了上面两种方法在把图稿导入 InDesign 时，以及需要编辑图稿时的优缺点。

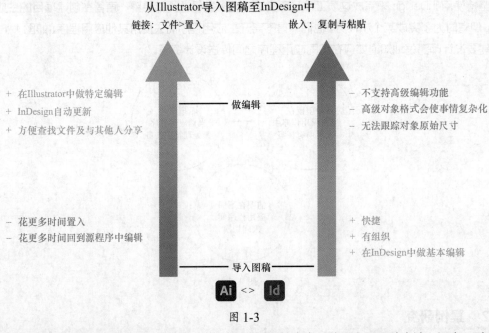

从Illustrator导入图稿至InDesign中

| 链接：文件>置入 | 嵌入：复制与粘贴 |

做编辑

+ 在Illustrator中做特定编辑
+ InDesign自动更新
+ 方便查找文件及与其他人分享

− 不支持高级编辑功能
− 高级对象格式会使事情复杂化
− 无法跟踪对象原始尺寸

− 花更多时间置入
− 花更多时间回到源程序中编辑

+ 快捷
+ 有组织
+ 在InDesign中做基本编辑

导入图稿

图 1-3

显然，每种方法各有优缺点，第 5 课会进一步讲解相关内容。除了上面两种方法，还有一种方法，那就是把 Illustrator 图稿保存到云端（Creative Cloud 库），然后将其从云端置入 InDesign，相关内容将在第 8 课和第 9 课中讲解。

1.2.3　团队间的互通性

在各个设计行业，越来越多的公司开始采用远程办公形式，有的公司让他们的员工在家办公，有的公司则会直接雇用自由职业者。当把这些人组织在一起共同完成一个项目时，不仅需要这些人相互协作，还需要更复杂的工作流程，这就迫切需要一个好的解决方案。这是因为传统的协作工具已经不适合应用在使用复杂资源的某个特定行业的设计工作流程中，相关内容将在第 8 课和第 9 课中讲解。随着协作需求的增加，互通性问题出现的频率也在增加。因此，公司（或组织）必须认识到很重要的一点，那就是如果整个团队每天都严重依赖于 Creative Cloud 生态系统，那么这些问题的解决方案就不可能在第三方协作系统中找到，而只能在 Adobe 提供的系统中找到。

下面我们研究一个日常场景。假设你是一家体育用品公司设计部门的一员。当前，你正在使用 Photoshop 制作某款网球鞋的产品图片。制作过程中，你应用了图层蒙版、调整图层，以及其他非破坏性效果。网球鞋图片只是整个产品图片的一部分，而且"深埋"其中。你把制作好的产品图片放到公司的服务器上，供其他人工作时访问和使用。

范围：除了你之外，还有其他人需要使用你制作的产品图片。这些人包括另外 4 位设计师、两位外聘人员，以及一位销售部经理（他不是 Creative Cloud 会员）。每个人都需要获取产品图片的最新版本。

新问题：负责网球类产品的产品经理通过电子邮件给你发送了一张新版网球鞋的图片。在这种情况下，你需要更新（修改）之前设计好的产品图片，当你更新好之后，还需要确保每个使用它的人都能得到最新的（更新后的）产品图片。

结果：当你更新了产品图片（网球鞋）后，还需要通知每个要使用新版图片的人，告诉他们在哪里可以找到它。他们必须从公司服务器获取新版图片，然后手动更新到自己所负责的项目（如产品目录、海报、社交平台配图等）中。整个过程非常耗时，而且容易出错。

解决方案：如果你把更新后的产品图片保存到 Creative Cloud 库（非公司服务器上），并开启分享功能，那公司的其他人就可以直接从 Creative Cloud 库把产品图片置入他们所负责的项目。完成置入后，每个人的项目和 Creative Cloud 库之间就有了一个链接，它指向原始的产品图片。每当你修改原始产品图片时，每个人都能立刻看到修改后的产品图片，他们项目中的产品照片也会随之更新。而且，把 Creative Cloud 库分享给外聘员工（自由职业者）也很容易，既不需要授予他们访问公司服务器的权限，也不需要通过网络给他们发送几吉字节的文件。安装好一个现成附加组件后，即使是销售经理也能在其使用的 Microsoft 系列产品中轻松地引用 Creative Cloud 库中的资源。

1.2.4　好处

了解了如何、何时以及在何处置入这些集成构件，你就可以更自由地进行项目创建和迭代，因为你知道项目的各个部分是如何进行衔接和交互的。使用 Creative Cloud 库代替公司服务器（借助 VPN）来保存设计资源，然后置入设计应用程序中使用，这样有助于节省设计时间，比如节省了 15min，这会带来什么好处呢？你可以用这省出来的 15min 做其他事情，比如再给你的设计应用一种新的配色方案，以供客户选择。这短短的 15min 看起来微不足道，但当你配合使用多个 Adobe 设计应用程序时，节省出来的时间会大大增加，带来的价值也会更大。做一件事情时，投入的时间越少，获取的收益越大，其价值也就越大。归根结底，时间才是我们拥有的最宝贵的财富。我们不想浪费时间对设计作品做一些意外改动，而且不能据此要求客户另外支付费用，因为这完全是你自己造成的，你没有正确地在设计中应用集成构件。

另一个好处是保证作品质量。知道了如何把资源从 Creative Cloud 库置入（又称"链接"）其他应用程序，你就会明白每一步是如何保护你的作品的视觉质量的。在不同应用程序之间使用复制、粘贴命令导入资源时，你会发现自己走上了一条"不归路"，你的作品开始出现画面模糊、质量下降等问题。

请看图 1-4,注意其分辨率。这张图片是直接从 Photoshop 中复制到 InDesign 文档中的。在 In-Design 中,将其稍微放大或缩小一点,你会发现它已经与原来大不一样了。

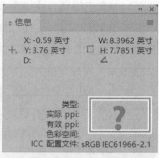

图 1-4

观察【信息】面板和【链接】面板,你会发现里面未显示任何图片相关信息。图片的名称、文件类型(即图片格式)、有效分辨率等信息全部没有。而且,在【印前检查】面板中也找不到任何相关信息。缺少了这些信息,你很难判断设计的作品的分辨率是否满足最小打印分辨率的要求。

类似的场景还有很多,为了节省少量的时间,你使用了复制、粘贴命令,而这么做可能会让你付出巨大的代价,因为有时为了改动某个局部元素,你不得不把整个设计稿推倒重来。

1.3　常见文件格式

本书有些项目允许你使用 Creative Cloud 库或云文档来保存、引用、分享资源文件。但在大多数项目中,当你把一些资源文件从一个项目置入、链接或嵌入另外一个项目时,你需要选择合适的文件格式。这里重点介绍 Adobe 原生文件格式,稍后详细讲解相关内容。在讲 Adobe 原生文件格式之前,讲解一些常见文件格式。这里用"常见文件格式"这个说法是为了与 Adobe 原生文件格式区分开。所谓常见文件格式,指的是 Adobe 系列软件和其他各种软件都在用的文件格式,如 JPEG、EPS、TIFF 等。设计师经常使用这些常见文件格式大多是习惯使然,并不是因为它们有什么特别的优势。

1.3.1 不同格式满足不同需求

首先，我们一起探讨一下至今仍被平面设计师广泛使用的几种常见文件格式，说一说这些文件格式的优缺点。不过，在有些用户眼中，这些文件格式的某些缺点可能没那么重要。当今"平面设计师"这个词涵盖的人群很广，有些用户在工作中不需要在意这些缺点实属正常，毕竟大家的需求不一样。需要提醒大家的一点：在过去20多年里，平面设计师的工作内容已经发生了翻天覆地的变化。现代设计工作流程中少不了Photoshop、Illustrator和InDesign等Adobe应用程序之间的紧密集成，而这种集成很难或不可能通过常见文件格式实现。

下面两个例子严重依赖于Adobe应用程序之间的紧密集成，而且这样的例子变得越来越常见。

· 在工作中，设计师们越来越多地使用Adobe软件来创建要在PowerPoint演示文稿中使用的各种素材。演示文稿设计师们正在探索更棒的工作流程，使他们能够在Illustrator和Photoshop等应用程序中设计矢量图形和栅格图像（又叫位图），并将其轻松导入PowerPoint使用。因此，他们的需求与印前设计师不同，这使得他们只关注图形在屏幕上是否能够清晰地展现出来。

· 现在越来越多的数字设备搭载了触控屏，这使得各行各业对UX/UI（用户体验/用户界面）设计师的需求大幅增加。UI设计师的主要工作就是设计出能够引起目标受众共鸣的用户界面。对UX设计师来说，对设计进行版本控制和快速迭代的能力非常重要，同时能否熟练使用Photoshop和Illustrator等多款设计应用程序也很关键。

下面对常见文件格式利弊的讨论不是基于平面设计师的具体工作内容，而是基于他们工作时所使用的工具（如Photoshop、Illustrator和InDesign）展开的。

1.3.2 JPEG格式

JPEG（Joint Photographic Experts Group，联合图像专家组）是当前最常用的文件格式。JPEG开发于1992年，其诞生与20世纪90年代互联网的兴起有关，那时的网速很慢（相比今天的网速），JPEG是人们通过调制/解调器发送连续色调图像最有效的方式。尽管JPEG很"古老"了，但由于其文件较小，现在许多设计师仍然喜欢使用它。JPEG是一种有损压缩格式，把一张图片转换成JPEG格式时，图片会被大幅压缩，但是图片质量仍然有保障，人眼几乎察觉不到画面质量的损失。

1.3.2.1 JPEG格式的优点

对平面设计师而言，JPEG格式的一个优点是它允许选择图片的压缩级别。有了这种选择的权利，你就可以在压缩级别和画面质量之间做出权衡，找到合适的解决方案。

当前JPEG格式如此受欢迎还有一个原因，那就是它是一种广受支持的图片文件格式。所有计算机系统和智能设备都能读取和显示JPEG格式的文件。即便是最新款的数码相机，也允许你把拍摄的照片保存成JPEG格式。

在Photoshop中，以JPEG格式保存所处理的图像时，会弹出【JPEG选项】对话框，在其中可以做更多控制，如图1-5所示。

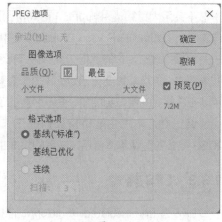

图1-5

1.3.2.2 JPEG 格式的缺点

对大多数人来说，JPEG 的压缩损失是可以接受的，但对平面设计师和摄影师来说却并非总是如此。专业设计师们一直在孜孜不倦地追求最佳图像质量。随着电视、显示器、智能手机等设备显示技术的进步，人们对更高分辨率和更好图像质量的需求也在增加。过去，人们比较关注图像大小，关心图像占多大空间、传输要花多长时间，而现在人们更在乎的是图像质量。随着技术不断进步，现在硬盘和云盘价格变得越来越低，网速也变得越来越快，这使得人们在保存图像时优先考虑图像质量，而不是压缩比。

这里有一个问题：当你在 Photoshop 或 Lightroom 中对 JPEG 格式的图像做某些调整时，很可能会出现压缩伪影（所谓"伪影"，指的是图片中不自然的、反常的、能让人看出是人为处理过的痕迹、区域、瑕疵等）。这种 JPEG 压缩伪影通过 8 像素 ×8 像素的压缩矩阵很容易辨认出来。在 Photoshop 中处理单个颜色通道时，也很容易看到 JPEG 压缩伪影，如图 1-6 所示。这样一来，我们就很难在 Photoshop 中使用颜色通道（即"通道混合"）来修饰图像或创建复杂选区。请注意，【信息】面板中所选伪影的大小也可以在图像的颜色通道中看到。

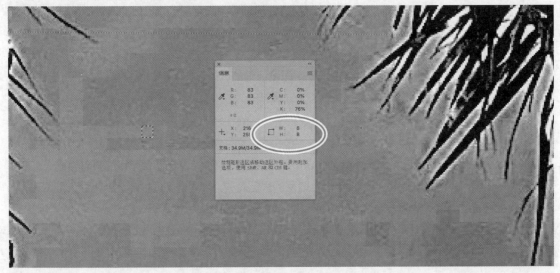

图 1-6

尽管 JPEG 格式的图像存在这个问题，但它仍然是存储大量高质量图像的最佳格式之一。请注意，本书不会用大量篇幅讲解 JPEG 格式，因为它不适合在 Photoshop、Illustrator 和 InDesign 之间建立工作流程。假如你在 InDesign 或 Illustrator 中用到了一张 JPEG 图像，当你的客户要求你用 Photoshop 做一些编辑处理时，你需要把分层图像（即包含多个图层的图像）保存成 PSD 文件，这样就又有了一个图像版本，这可能需要你把 JPEG 图像重新链接至 InDesign 或 Illustrator 中的 PSD 文件。也就是说，使用 JPEG 格式的图像会增加一些不必要的工作量。

请记住，本书主要讲解如何在工作中集成 Photoshop、Illustrator 和 InDesign 这 3 款软件，而 JPEG 格式的图像不适合用在三者的集成中。

1.3.3 EPS 格式

EPS 是 Encapsulated PostScript 的缩写，EPS 格式由 Adobe 的创始人约翰·沃诺克（John Warnock）和查克·格施克（Chuck Geschke）在 1987 年开发推出。顾名思义，EPS 是一种包含 PostScript 数据的文件格式，构建 PDF 文件所使用的数据也是 PostScript 数据。EPS 格式文件的特性之一是，它可以包含栅格图像、矢量图形以及实时文本。在 PDF 格式面世之前，EPS 格式一直是打印输出的首选文件格式。现在，仍然有很多设计师使用它来保存标识和矢量图形，这是本书希望他们改变的习惯。

1.3.3.1 EPS 格式的优点

相比其他矢量文件格式，EPS 格式的唯一优点是，许多第三方软件（如 PowerPoint、AutoCAD）以及使用矢量图形的技术型系统（如用于开发卫星导航软件的系统）仍然支持它。这是因为 EPS 格式在不同系统和图形应用程序之间有着良好的兼容性。此外，很多不支持新型文件格式的老系统也在使用它。不过，现在使用这些系统和图形应用程序的行业开始逐渐淘汰 EPS 格式，转而使用 SVG 格式。SVG（Scalable Vector Graphics，可缩放矢量图形）是一种基于 XML（eXtensible Markup Language, 可扩展标记语言）的矢量文件格式，主要用在 Web 应用程序中。SVG 之所以成为 Web 和应用程序开发人员所青睐的文件格式，是因为有大量 Web 浏览器支持它，而且 SVG 格式不仅支持压缩和脚本功能，还支持动画。

1.3.3.2 EPS 格式的缺点

要了解 EPS 格式的缺点，最好的办法是自己尝试一下。下面我们把一个矢量图形保存为 EPS 文件。

首先，打开两个 Illustrator 文档。

❶ 启动 Illustrator，在菜单栏中依次选择【Illustrator】>【首选项】>【常规】（macOS），或者选择【编辑】>【首选项】>【常规】（Windows）。

❷ 在【首选项】对话框中，单击【重置首选项】按钮，然后单击【确定】按钮，在弹出的对话框中单击【立即重新启动】按钮。

❸ 在 Illustrator 中，打开 Lesson01 文件夹中的 city.ai 文件。

请注意，云朵对象是半透明的，太阳对象应用了模糊效果。

❹ 打开【图层】面板，在其中可以看到文档中包含两个图层。

❺ 在菜单栏中依次选择【文件】>【存储为】。在【存储为】对话框的【保存类型】下拉列表中选择【Illustrator EPS】，然后选择桌面上的一个文件夹，单击【保存】按钮，将文件保存到其中。

❻ 在【EPS 选项】对话框中保持默认设置，单击【确定】按钮，保存文件，如图 1-7 所示。

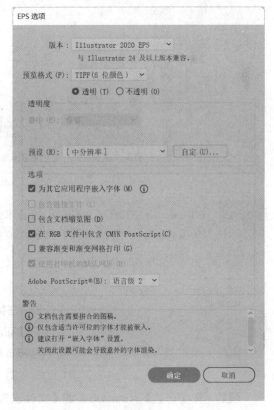

图 1-7

⑦ 启动 InDesign，按 Control+Option+Shift+ Command（macOS）或 Alt+Shift+Ctrl（Windows）组合键，恢复默认首选项。

⑧ 在出现的询问对话框中单击【是】按钮，删除 Adobe InDesign 首选项文件。

⑨ 在 Lesson 01 文件夹中打开 L01-city-comp-start.indd 文档。这个文档中只有一个蓝色背景页面。

⑩ 使用【选择工具】▶ 选择蓝色框架，然后在菜单栏中依次选择【文件】>【置入】，把前面保存的 EPS 文件置入页面。

⑪ 在图像仍处于选中状态的情况下，在菜单栏中依次选择【对象】>【适合】>【按比例填充框架】。

此时，在 InDesign 中，云朵不再透明，太阳背后出现了一个白色方块，如图 1-8 所示。这是因为 EPS 格式不支持透明度，所有透明对象、透明效果和混合模式都会被合并和栅格化。

图 1-8

> 💡注意　在 Illustrator 中打开一个 EPS 文件后，Illustrator 的所有编辑功能仍然是可用的，包括透明度、图层和多个画板。但是，EPS 文件本身无法保留这些信息，所以在 Illustrator 之外，这些信息看起来完全不一样。

图 1-9

⑫ 使用【选择工具】▶ 选择置入的 EPS 文件，然后尝试在菜单栏中依次选择【对象】>【对象图层选项】。此时，【对象图层选项】处于灰色不可用状态，如图 1-9 所示，因为 EPS 格式不支持图层。

⑬ 关闭 InDesign 文档，不进行保存。

最后，在【访达】（macOS）或【文件资源管理器】（Windows）中查看 EPS 文件的大小。

相较于原始 Illustrator 文档，EPS 文件的大小几乎翻了一番。不过，幸运的是，我们可以很容易地把 EPS 文件转存为 AI 文件。转存过程中，原始 EPS 文件中的所有信息都会被保留，而且两个画面看起来完全一样，但文件可能会变小。如果你有大量 EPS 格式的矢量图形，建议你现在就把它们转换成 AI 格式。

> 💡提示 如果想把整个文件夹中的所有 EPS 文件都转换成本地 AI 文件，那么可以创建一个 Illustrator 动作把这个过程自动化。要了解这方面的更多内容，请在菜单栏中依次选择【帮助】>【Illustrator 帮助】，打开【发现】对话框。然后在对话框顶部的搜索框中输入"动作"二字，按 Return（macOS）/Enter（Windows）键，选择【动作的自动化】。

在 Photoshop 中，把图像保存成 EPS 格式也会得到类似的结果。EPS 格式不支持透明度、图层和 Alpha 通道。而且，把图像转换成 EPS 格式保存后，文件会变得很大。例如，把一张 9.3MB 大小的 JPEG 图像转换成 EPS 格式后，文件大小变成了 49MB，如图 1-10 所示。据此不难想象把成千上万张图像都转换成 EPS 格式，需要占用多大的存储空间。

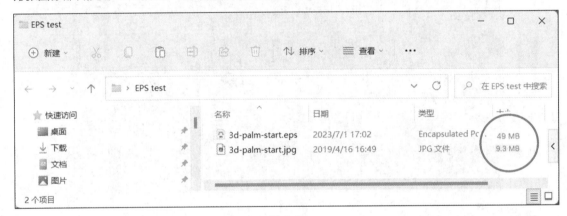

图 1-10

像 JPEG 格式一样，在本书内容的讲解中也不会涉及 EPS 格式。事实上，对平面设计师来说，使用 EPS 格式的优势不够明显。

1.3.4　TIFF

TIFF（Tag Image File Format，标记图像文件格式）是另外一种经典的图像文件格式。TIFF 支持无损压缩技术，压缩过程中不会丢失图像的任何原始信息，可保持图像的原始质量。当前，TIFF 也是一种广受欢迎的图像文件格式。

1.3.4.1　TIFF 的优点

TIFF 的主要优点是，它是一种无损的图像文件格式，当今大多数数码设备和软件都支持它。此外，TIFF 还支持 Photoshop 图层、Alpha 通道、专色通道、矢量路径及透明度。这些优点让 TIFF 成为一种通用的图像文件格式。在数码相机领域，TIFF 正逐渐被 DNG、CR2 等格式取代，因为这些格式提供了编辑原始图像数据的能力，而这正是 TIFF 所不具备的。

在 Photoshop 中把一张图像转存为 TIFF 图像时，可以选择无损压缩方式，如 LZW 或 ZIP。

❶ 启动 Photoshop，在菜单栏中依次选择【Photoshop】>【首选项】>【常规】（macOS），

或者选择【编辑】>【首选项】>【常规】（Windows）。

❷ 在【首选项】对话框中单击【在退出时重置首选项】按钮。然后重启 Photoshop。

❸ 在 Photoshop 中，打开 Lesson01 文件夹中的 sydney.psd 文件。这个图像文件中不包含任何图层、Alpha 通道和路径。

❹ 在菜单栏中依次选择【文件】>【存储为】，在弹出的【存储为】对话框中的【保存类型】下拉列表中选择【TIFF】。

❺ 选择 Lesson01 文件夹作为保存位置，单击【保存】按钮。

❻ 在【TIFF 选项】对话框中，在【图像压缩】区域选择【LZW】，如图 1-11 所示，然后单击【确定】按钮。

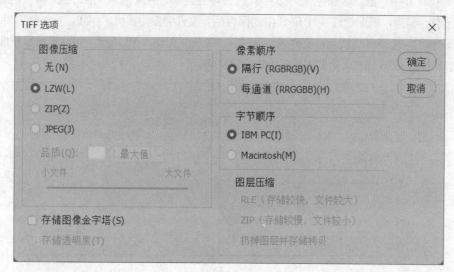

图 1-11

❼ 在【访达】（macOS）或【文件资源管理器】（Windows）中，比较原始 PSD 文件和 TIFF 文件的大小。通过比较，可以发现应用 LZW 压缩后，TIFF 文件要比原始 PSD 文件小得多。

1.3.4.2　TIFF 的缺点

这是否意味着保存图像时选择 TIFF 一定会比 PSD 格式（另外一种无损格式）好呢？也不尽然。在上面的例子中，把一张 PSD 格式的图像转存为 TIFF 后，文件明显变小了。但是，当图像文件中包含多个图层时，选择 PSD 格式保存图像文件，所得到的文件反而更小。PSD 格式正是我们协同运用多款软件所需要的中转格式。如果在整个项目处理期间，图像只包含一个图层，那么选用 TIFF 也不会有什么问题。但是，如果需要在图像中添加多个图层，使用 TIFF 会产生一些麻烦。

再次提醒，本书主要讲解的是如何协同运用多款软件，以及图像资源如何在这些软件之间流转。虽然 TIFF 文件支持图层，但是当在 InDesign 和 Illustrator 等软件中置入含图层的 TIFF 图像时，我们无法使用任何基于图层的功能，比如图层合成和图层覆盖。

最后，对 JPEG、EPS、TIFF 这 3 种格式进行比较，如图 1-12 所示。

		JPEG	EPS	TIFF
专用文件特性	压缩	有损压缩（质量损失）	无	无损压缩（LZW或ZIP）
	资源类型	图像	矢量图形+栅格图像	图像
	剪切路径	支持	支持	支持
	图层	不支持	不支持	支持
	画板	不支持	不支持	不支持
	实时透明度	不支持	不支持	支持
	文件尺寸	小	非常大	小（不含图层时）
	设计师选用该格式的好处	• 可存储海量用于网络或移动设备的图像 • 在Adobe软件生态系统之外受支持	• 在Adobe软件生态系统外的某些场合下受支持	• 存储高分辨率图像 • 在Adobe软件生态系统之外受支持

图 1-12

💡 提示　这个总结有助于大家理解何时以及如何使用前面提到的 3 种文件格式。

1.4　原生文件格式

在多软件协同工作的流程中，Adobe 一直推荐大家使用原生文件格式，这也是本书要讲解的内容。在工作中，当你使用 Creative Cloud 系列软件时，请尽量使用这些软件原生文件格式所支持的功能。但有时也会遇到下面一些例外，导致我们无法使用原生文件格式，这时我们可以考虑使用 JPEG 或 TIFF 格式。

• 兼容性：如果你想把图像分享给除设计师之外的群体，他们的计算机里没有安装 Adobe 公司的系列产品，也不需要使用 Photoshop 图层或其他特殊功能。他们只想观看图像，而不关心图像是怎么制作出来的。这时，使用 JPEG 格式的图像文件就足够满足这类用户的需求了——简单又紧凑。

• 文件大小：使用原生文件格式保存图像文件时，图像文件会变得特别大，尤其是在为大型广告牌设计大尺寸的图像，或者在其他需要大尺寸图像的场合下，图像文件会更大。在这些情况下，放大原始 Photoshop 合成图像及其所有图层、蒙版等就没什么意义了，PSD 文件很快会变成十几吉字节或更大。如此巨大的图像文件在 InDesign 或 Illustrator 中用起来困难重重。在这种情况下，我们可以把图像拼合一下，然后保存成 TIFF 图像，同时应用某种压缩算法，把图像尺寸控制在一个允许的范围内，之后使用时再把图像放大即可。

在日常设计项目中，建议使用各个软件的原生文件格式保存文件，如 PSD（Photoshop）、INDD（InDesign）、AI（Illustrator）。协同使用这 3 款软件时，使用原生文件格式能够保证文件在这些软件之间有良好的兼容性。接下来详细讲一讲这 3 种原生文件格式。

1.4.1　PSD

PSD 格式的文件能够保存大量图像技术信息。这让 PSD 成为一种出色的文件格式，用来存储应用于不同目的（打印、网络或视频输出）的图像。针对图像处理，PSD 格式提供对图层、蒙版、透明度、文本、Alpha 通道、剪贴路径，以及其他多种 Photoshop 特有的元素的支持。打开一个 PSD 文件，如图 1-13 所示。

图 1-13

借助 PSD 格式，印刷设计人员可以轻松地转换图像的色彩配置文件或颜色模式（如 CYMK），在使用专色通道时也可以轻松地转换成双色调或多色调。

在多软件协同作业时，我们可以直接把 PSD 文件置入 InDesign 与 Illustrator 文档中，根本不需要转换成其他文件格式（如 JPEG、TIFF 等）。这大大降低了在图像保存期间，图像的颜色或质量意外遭到调整或改动的风险。图像会保留在其 PSD 专用环境中，并直接置入 InDesign 或 Illustrator 文档中。PSD 格式支持透明度、图层，并且在把 PSD 文件置入 InDesign、Illustrator 或其他 Photoshop 文档中时，你仍然可以使用这些功能。由于支持多个画板，在单个 PSD 文件中为同一个设计迭代出多个不同版本将变得更容易。

对网页设计师来说，PSD 格式支持 RGB 和索引颜色模式，并允许使用网页安全颜色的颜色查找表（CLUTs）。

此外，只要通道总数（包括颜色通道）少于 56 个，我们就可以向一个 PSD 文件中添加任意数量的 Alpha 通道。而且，在一个 PSD 文件中，可保存的路径数量不受限制。有关 Photoshop 路径和 Alpha 通道的更多内容，请阅读第 4 课"在 InDesign 中使用 Photoshop 路径、Alpha 通道和灰度图像"。

当然，PSD 格式也有一些局限性，或者说不足。例如，单个 PSD 文件可存储的数据量不超过 2GB，画布的最大宽度和高度只有 30000 像素。如果你的文档超出了这些限制，Photoshop 会建议你把文档保存成 PSB 格式（大型文档格式，扩展名是 .psb），如图 1-14 所示。

图 1-14

PSB 文件提供了与 PSD 文件相同的功能，同时允许保存的画布宽度或高度高达 300000 像素，而且支持单个文件存储的数据量高达 4EB（超过 42.9 亿 GB）。InDesign 不支持置入 PSB 文件，但 Illustrator 支持。

PSD 整合矩阵

通过图 1-15，我们可以大致了解在把一个 PSD 文件置入 InDesign、Illustrator 或另外一个 Photoshop 文档时其整合能力的情况。当然，除了 InDesign、Illustrator 之外，PSD 格式也可以使用在 XD、Premiere Pro、After Effects 等 Adobe 系列软件中，但这些内容已经超出了本书讨论的范围，在此略去不谈。请注意，图 1-15 中标出了讲解相关内容的课程，方便大家去学习相关课程。

	把PSD文档置入InDesign中	把PSD文档置入Illustrator中	把PSD文档置入Photoshop中
覆盖图层	覆盖图层的可见性，直接在InDesign中实现（参见第3课）	置入时把图层转换成Illustrator对象（参见第2课）	不支持
应用Photoshop路径	应用PSD文档中保存的所有路径（参见第4课）	置入时应用剪切路径	不支持
从PSD文档粘贴矢量路径	不支持（需经AI中转）	支持（参见第2课）	支持
导出矢量路径	不支持	支持（参见第2课）	不支持
应用Alpha通道	置入时应用Alpha通道（参见第4课）	不支持	不支持
切换图层复合	在InDesign中更改图层复合（参见第3课）	置入时应用图层复合	在Photoshop中更改图层复合（参见第7课）
实时透明度	支持	支持	支持
Creative Cloud库	共享颜色、图形、字符样式（参见第8、9课）	共享颜色、图形、字符样式（参见第8、9课）	共享颜色、图形、图层样式、渐变、字符样式（参见第8、9课）

图 1-15

1.4.2　INDD

INDD 文件格式于 1999 年推出，当时 InDesign 是作为 PageMaker 的替代者发布的。Adobe 公司于 1994 年收购了 PageMaker，并以它为基础开发出了 InDesign 的首个版本。打开一个 INDD 文档，如图 1-16 所示。

INDD 是一种矢量文件格式，能够存储多页设计项目所需的各种成分，包括样式、文本、原生矢量图、色板和图像。尽管 INDD 格式拥有如此强大的功能，但它是一种非常孤立的文件格式，我们无法将 INDD 文件置入或嵌入其他应用程序（如 Photoshop 或 Illustrator）中。事实上，我们只能在 InDesign 或 Adobe InCopy 中打开 INDD 文件，Adobe InCopy 是 InDesign 的"兄弟"，用于创建文字编辑工作流程。不过，这并不是什么大问题，因为在 99.9% 的情况下，设计师需要做的是把资源从其他应用程序置入 InDesign 中，而不是反过来。如果你确实需要把 InDesign 内容置入其他 Adobe 应用程序，可以使用 Creative Cloud 库来实现（相关内容参阅第 8 课）。

图 1-16

INDD 整合矩阵

从图 1-17 中，我们可以大致了解 INDD 格式文件与 Photoshop、Illustrator 的整合情况。与前面的表格相比，它更为简短。如前所述，不同软件之间交换资源时，InDesign 文档一般都是接收资源的一方。正因如此，资源从 InDesign 向 Photoshop 或 Illustrator 流动的情况并不多见，这方面相关功能的支持也比较少。但是，当把一个 INDD 文件置入另外一个 INDD 文件，或者借助 Creative Cloud 库在其他 Adobe 软件中使用 InDesign 资源时，还是有不少方法可用的。

	把INDD文档置入InDesign中	把INDD文档置入Illustrator中	把INDD文档置入Photoshop中
置入一个或多个页面	置入期间（参见第7课）	不支持	不支持
置入页面时包含出血或辅助信息区	置入期间（参见第7课）	不支持	不支持
从InDesign粘贴矢量路径	支持	支持	作为嵌入的智能对象
Creative Cloud库	共享颜色、字符样式、段落样式、文本、图形（参见第8课）	共享颜色、字符样式、段落样式、文本、图形（参见第8课）	共享颜色、字符样式、图形（参见第8课）

图 1-17

1.4.3 AI

打开一个 AI 文档，如图 1-18 所示。

自 2000 年 Illustrator 9 推出以来，AI（Adobe Illustrator）格式一直是 Illustrator 的原生文件格式。在 Illustrator 9 之前，EPS 是 Illustrator 保存文件时使用的默认文件格式。多年来，随着技术的不断发展，

EPS 格式的使用频率逐渐降低了。为了使用多个画板、实时透明度以及更复杂的工具和功能，我们需要为原生 Illustrator 文档找一个"新家"。若要打印或保存 Illustrator 文件，大多数时候我们都会选择 PDF 格式而非 EPS 格式。

图 1-18

Illustrator 私有数据

使用默认设置保存 Illustrator 文件时，Illustrator 使用 PDF 作为容器来存储所有文档信息。PDF 中有一个特殊区域，其中包含独特的 Illustrator 数据（又称"私有数据"）。有了这些私有数据，Illustrator 才能正确地读取文件，同时保留 Illustrator 的特有功能。但是，当使用 Adobe Reader 等 PDF 查看器打开一个 AI 文件时，Illustrator 私有数据是不会被读取的。有了这些私有数据，Illustrator 才能正常显示你的 AI 文档，并允许你编辑它。在 Illustrator 中以 AI 格式保存一个文件时，会弹出【Illustrator 选项】对话框，如图 1-19 所示。

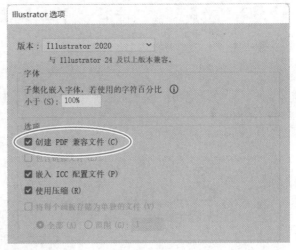

图 1-19

勾选【创建 PDF 兼容文件】选项（默认处于勾选状态）后，保存文件时，Illustrator 会把私有数据（PDF 文件）嵌入 AI 文件中。在其他应用程序中置入或打开原生 Illustrator 文件时，应用程序会读取并使用这个 PDF 文件（私有数据）。保存文件时，若取消勾选该选项，当你尝试在 InDesign 中置入 AI 文件时，就会出现图 1-20 所示的结果。

当在 InDesign 中置入一个 Illustrator 文件，而且保存该文件未勾选【创建 PDF 兼容文件】选项时，你将无法预览文件，而只能看到这个错误信息。

图 1-20

当你试图把同一个文件置入 Photoshop 中，或者在 Adobe Reader 中将其打开时，你会看到同样的信息。保存 AI 文件时，若取消勾选【创建 PDF 兼容文件】选项，我们将无法把得到的 AI 文件置入其他任何应用程序（不限于 Adobe 系列软件）中，当然也无法在任何应用程序中打开它，因为这些应用程序置入的通常是 PDF 容器信息，而非私有数据。关于把 AI 文件导入其他 Adobe 应用程序时要用到 PDF 容器信息这一点，我们从图 1-20 返回的错误信息中可以隐约察觉到。图 1-21 分别是把 AI 文件置入 Photoshop 与 InDesign 时弹出的对话框，请注意圈出的部分。

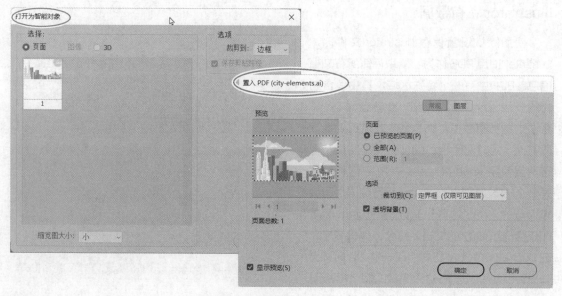

图 1-21

1.4.4 PDF 与 AI 比较

现在我们已经知道，其他应用程序要正常使用某个 AI 文件，要求这个 AI 文件中必须包含 PDF数据，而且这个 PDF 数据（封装了 Illustrator 私有数据）与把 AI 文件另存为 PDF 文件（用于输出打印）时所得到的数据不一样。

在 Illustrator 中使用【存储为】命令把文件保存成 PDF 格式时，请务必在【存储 Adobe PDF】对话框中勾选【保留 Illustrator 编辑功能】选项，如图 1-22 所示。

图 1-22

勾选该选项后，Illustrator 私有数据就会包含在 PDF 中，以保证其与 Illustrator 向后兼容。但是，当我们创建符合 ISO 标准的可打印的 PDF 文件时，PDF 文件中不会（也没有必要）包含私有数据。取消勾选【保留 Illustrator 编辑功能】选项后，【存储 Adobe PDF】对话框如图 1-23 所示。

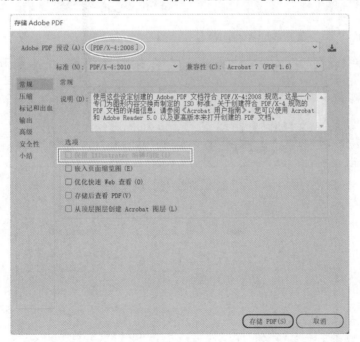

图 1-23

因此，建议大家在 Illustrator 中保存文件时选择 AI 格式，而且勾选【创建 PDF 兼容文件】选项，这样可确保该 AI 文件在其他应用程序中也是可用的。如果客户需要一个 PDF 文件用来打印，你可以按照所推荐的ISO标准把AI文件转存为一个PDF文件。如果你发送给客户的是AI文件而非PDF文件（使用 PDF 查看器打开），并使用 PDF 文件作为 Illustrator 工作文档，则可能会存在以下风险。

- 文件中的某些数据无法正确显示，具体取决于 PDF 查看器。
- 使用 PDF 查看器所做的编辑仅应用于内嵌的 PDF 数据，而非 Illustrator 私有数据。

出现这些问题的原因之一是，AI 文件中内嵌的 PDF 数据是自动生成的，这个过程中我们无法控制各个 PDF 选项。但是，在把一个 AI 文件另存为 PDF 文件时，你可以控制很多方面，如 PDF 版本、图层、颜色管理、字体等。

AI 整合矩阵

Illustrator 为兼容和整合提供了很大的可能，这主要是因为置入 AI 文件的应用程序只读取嵌入的 PDF 数据。

正因如此，我们还可以轻松地把 Illustrator 原生文档置入 Word、PowerPoint 等 Microsoft Office 系列软件中，同时保留实时透明度。

参照图 1-24，了解置入 AI 文档的情况。

	把AI文档置入InDesign中	把AI文档置入Illustrator中	把AI文档置入Photoshop中
覆盖图层	直接在InDesign中覆盖图层可见性（参见第5课）	不支持	不支持
从AI文档粘贴矢量路径	支持（参见第5课）	支持	支持，作为图层、路径、形状或智能对象（参见第6课）
实时透明度	支持	支持	支持
置入一个或多个画板	置入期间（参见第5课）	置入期间（参见第7课）	置入期间（参见第6课）
裁切置入的AI文档至画板或页面框	置入期间（参见第5课）	置入期间（参见第7课）	置入期间（参见第6课）
置入/打开AI云文档	不支持	支持，以链接或嵌入方式（参见第9课）	支持，以嵌入方式（参见第2课）
Creative Cloud库	共享颜色、字符样式、段落样式、文本、图形（参见第8、9课）	共享颜色、字符样式、段落样式、文本、图形（参见第8、9课）	共享颜色、字符样式、图形（参见第8、9课）

图 1-24

1.5 复习题

① JPEG 文件的主要优点是什么？

② 以 TIFF 保存图像时，有哪两种无损压缩方式？

③ 保存矢量图形时，使用 AI 格式要优于 EPS 格式，请说出两个理由。

④ 在 InDesign 或 Illustrator 中置入 PSD 文件时，有哪些好处？

⑤ 保存 AI 文件时，为何要勾选【创建 PDF 兼容文件】选项？

1.6 复习题答案

① JPEG 格式能够有效地压缩图像，同时保证图像有较高的质量，而且我们可以自己指定压缩级别。这些优点让 JPEG 格式成为保存大量图像时一个很好的选择。

② TIFF 支持两种无损压缩方式，保证了图像在保存时不损失质量。这两种无损压缩方式分别是 ZIP、LZW。在 Photoshop 中以 TIFF 保存图像时，可在【TIFF 选项】对话框中进行选择。

③ AI 文件支持实时透明度、多个画板和图层。把矢量图形保存成 AI 格式，文件是最小的；若保存成 EPS 格式，文件要比 AI 格式大两到三倍。

④ PSD 文件支持很多功能，如 Alpha 通道、路径、图层、实时透明度等。

⑤ 保存 AI 文件时，只有勾选【创建 PDF 兼容文件】选项后，所生成的 AI 文件才能正常置入其他应用程序（如 InDesign、Photoshop、Microsoft Office 等）中。

第 2 课

用 Photoshop 内容丰富 Illustrator 作品

课程概览

本课讲解如下内容：

- 在 Illustrator 中置入与嵌入 Photoshop 文档；
- 在 Illustrator 中置入与链接本地 Photoshop 文档；
- 在 Illustrator 中置入与链接远程 Photoshop 文档；
- 更新所链接的 Photoshop 文档；
- 把 Photoshop 路径导入 Illustrator；
- 向文本应用 3D 效果。

学习本课大约需要 **60** 分钟

　　我们可以轻松地把用 Photoshop 制作的内容置入 Illustrator 中，这给我们的创作带来了极大的灵活性和自由。

2.1 在 Illustrator 中置入和管理 Photoshop 资源

日常工作中，设计师常做的事情是创建文档，然后把 Photoshop 资源和 Illustrator 资源融入其中进行创作加工。Illustrator 为置入 Photoshop 资源提供了强大支持，有了这些支持，我们就能非常灵活地在这两个程序之间来回切换，大大提高工作效率。

2.1.1 两种置入方式：嵌入与链接

把一个程序制作的资源置入另外一个程序，有两种方式——嵌入和链接，那么这两种方式应该怎么选择呢？两种方式各有优缺点，具体选择哪一种取决于你的需求。当你学完本书内容后，你就知道该怎么选择了。

* 链接：选择链接方式时，在文档中插入的是一个指向外部文件的引用（链接）。被链接文件（外部文件）是完全独立的个体，如图 2-1 所示。

* 嵌入：选择嵌入方式时，在文档中插入的是被嵌入文档的一个完整副本（全分辨率）。

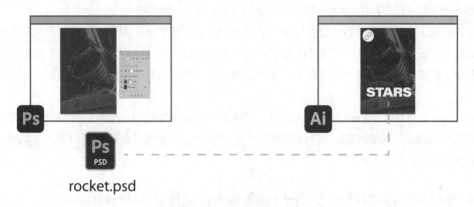

rocket.psd

图 2-1

> 💡 注意　当你创建了一个指向某个文档的链接之后，请不要随便更改这个文档的名称，也不要删除或者改变文档的存放位置；否则，链接会断开。当你打开包含断开链接的文档时，Illustrator 会弹出提示，要求你修复文档中断开的链接。

2.1.2 选择标准

有一些现成的标准可以帮助我们做出更好的选择。当你不知道选择哪种方式时，不妨问自己如下几个问题。

2.1.2.1 被置入的文件会变吗

这是最重要的一个问题，你一定要搞清楚。如果答案是肯定的，那么被置入的文档多久更新一次？假如你无法更改置入文档中的内容，这对你的项目会产生怎样的影响（创意方面或技术方面）？如果你无法回答这些问题，那么选择链接方式，这样当将来需要更新的时候，你可以轻松搞定。此外，还要注意有些修改要求是别人提出来的，比如在为某个客户做设计时，客户看过你的设计之后，很可能会提出一些新的修改要求。因此，做设计时就要想到将来客户有可能会提出哪些修改要求，并给出应对方法。

2.1.2.2 被置入的文件大吗

向 Illustrator 文档置入文件时，是选择链接方式还是选择嵌入方式，需要看被置入文件的大小。使用嵌入方式置入文件时，Illustrator 会把被置入文件的所有数据添加到文档中。也就是说，使用嵌入方式向 Illustrator 文档置入文件会导致 Illustrator 文档变大，多出来的数据量少则几十兆字节，多则几百兆字节，甚至更大。若置入文件很复杂，置入后，Illustrator 文档也会变复杂；而且考虑到计算机的硬件配置、硬盘空间，以及网络带宽等因素，相比嵌入方式，使用链接方式置入 Photoshop 文档会更好，这样可以防止整个工作流程被拖慢。

2.1.2.3 被置入的 Photoshop 文档是否需要在不同团队或项目之间共享

选择置入方式时，我们还要考虑是否与其他相关人员共享文档，例如，通过共享服务器或网盘等。若使用嵌入方式置入 Photoshop 文档，其他人将无法访问你正在处理的那个版本的文档。而且，我们也无法把同一个文档置入其他 Adobe 程序（如 InDesign、Illustrator 等）中。

在这种情况下，我们不得不分别更新同一个 Photoshop 文件的多个实例，实在是费时又费力。为避免出现这个问题，置入文件时，请使用链接方式。借助链接方式，我们可以把同一个源文件链接到多个文档中，需要修改时，只改动源文件，其他链接该文件的所有文档都会跟着自动更新，既省时又省力。

而且，当参与一个多人协作的团队项目时，其他人可能需要使用同一个元素。如果这个元素是以嵌入方式置入 Illustrator 文档中的，那么你需要花一些时间把这个元素分离和提取出来，才能提供给其他团队成员使用。

2.1.2.4 何时适合使用嵌入方式把 Photoshop 文档置入 Illustrator 中

这个问题的答案完全取决于前面 3 个问题的答案。如果前面 3 个问题的答案都是否定的，那么在 Illustrator 中置入 Phothoshop 文档时，建议使用嵌入方式。在 Illustrator 中嵌入 Phothoshop 文档有以下几个好处。

- 在 Illustrator 中嵌入 Phothoshop 文档时，你可以选择把 Photoshop 图层转换成 Illustrator 对象，这样你就可以直接在 Illustrator 中修改它们了。
- 在 Illustrator 中嵌入 Photoshop 文档后，你可以在 Illustrator 中向 Photoshop 文档中的元素自由地应用各种滤镜和效果。
- 使用嵌入方式置入文件，让文件管理变得更轻松。

💡 提示   在 Illustrator 中，我们可以使用【属性】面板把链接文件转换成嵌入文件，反之亦然。

2.2 在 Illustrator 中链接 Photoshop 文档

这一节我们将学习如何使用链接方式把一个 Photoshop 文档置入 Illustrator 文档中并更新文档内容。

2.2.1 准备工作

首先，浏览最终的合成画面和待置入的文件。

① 启动 Photoshop，在菜单栏中依次选择【Photoshop】>【首选项】>【常规】（macOS），或者选择【编辑】>【首选项】>【常规】（Windows）。

② 在【首选项】对话框中，单击【在退出时重置首选项】按钮。然后重启 Photoshop。

③ 在 Lesson02\Imports 文件夹中打开 rocket-end.psd 文件，如图 2-2 所示。

在 Photoshop 中使用调整图层对火箭图像进行重新着色。我们将在 Illustrator 中使用最终图像制作海报。

④ 关闭 rocket-end.psd 文件。

⑤ 启动 Illustrator，在菜单栏中依次选择【Illustrator】>【首选项】>【常规】（macOS），或者选择【编辑】>【首选项】>【常规】（Windows）。

⑥ 在【首选项】对话框中，单击【重置首选项】按钮，然后单击【确定】按钮。

⑦ 在弹出的对话框中，单击【立即重新启动】按钮。

⑧ 在 Illustrator 中，打开 Lesson02 文件夹中的 L02-poster-end.ai 文件，如图 2-3 所示。

图 2-2   图 2-3

在这个文件中，你可以看到如何在 Illustrator 中使用置入的火箭图像（Photoshop 文档）制作海报。

⑨ 关闭 L02-poster-end.ai 文件。

2.2.2 查看 Photoshop 和 Illustrator 文档

① 启动 Photoshop，在 Lesson02\Imports 文件夹中打开 rocket-start.psd 文件。

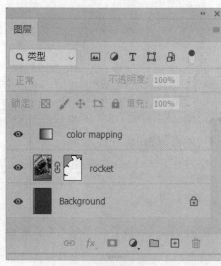

图 2-4

② 在菜单栏中依次选择【文件】>【存储为】。此时，Photoshop 会询问你把文件保存到本地还是云端。勾选【不再显示】选项，单击【保存到本地计算机】按钮。

③ 把文件另存为 rocketWorking.psd。

④ 查看【图层】面板，可以看到有3个图层，如图 2-4 所示。

· 一个 background 图层。
· 一个名为 rocket 的图层（带矢量蒙版）。
· 一个名为 color mapping 的填充图层。

> ♡ 注意 若【图层】面板不可见，表示其处于隐藏状态。在菜单栏中依次选择【窗口】>【图层】，可将【图层】面板显示出来。

⑤ 在菜单栏中依次选择【图像】>【图像大小】。

在【图像大小】对话框中，可以看到当前图像的尺寸是24.25英寸×36.25英寸（1英寸≈2.54厘米），如图 2-5 所示。

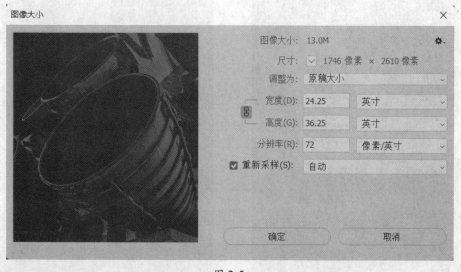

图 2-5

> ♡ 注意 虽然图像尺寸很大，但分辨率太低，不适合印刷海报。这里我们只是学习如何链接文件，这个问题可以忽略。

⑥ 单击【确定】按钮，关闭【图像大小】对话框。注意不要关闭文件。

⑦ 启动 Illustrator。

⑧ 在 Illustrator 中，打开 Lesson02 文件夹中的 L02-poster-start.ai 文件，如图 2-6 所示。

> ♡ 注意 当透明网格处于打开状态时，画板上的白色元素会更容易看清楚。

⑨ 在菜单栏中依次选择【文件】>【存储为】。Illustrator 会询问你把文件保存到本地还是云端。

勾选【不再显示】选项，单击【保存到本地计算机】按钮。

⓪ 把文件另存为 L02-posterWorking.ai。

⑪ 打开【图层】面板，其中有两个图层，如图 2-7 所示。

- text 图层包含所有文本，当前文本是文档中的唯一可见元素。

- background 图层当前是空的。

⑫ 在【工具】面板中选择【画板工具】 。

⑬ 在【属性】面板的【变换】区域中，可以看到画板大小是 24 英寸 ×36 英寸，如图 2-8 所示。

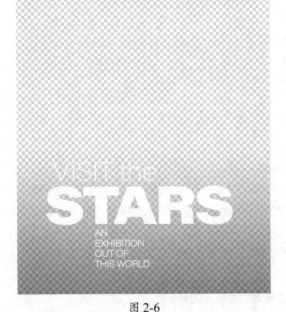

图 2-6

图 2-7

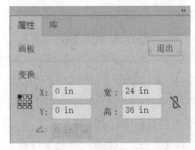

图 2-8

⑭ 在菜单栏中依次选择【文件】>【文档设置】。

⑮ 在【文档设置】对话框中，可以看到画板周围有 0.125 英寸的出血，如图 2-9 所示。

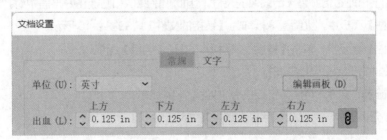

图 2-9

⑯ 单击【确定】按钮，关闭【文档设置】对话框。

2.2.3　以链接方式置入

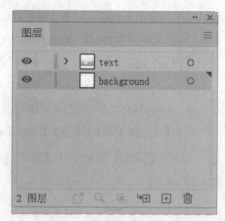

图 2-10

1 在 Illustrator 中，在【图层】面板中选择名为 background 的图层，如图 2-10 所示。

2 在【工具】面板中选择【选择工具】 ▶ 。

3 在菜单栏中依次选择【文件】>【置入】。

4 在【置入】对话框中，转到 Lesson02\Imports 文件夹，选择 rocketWorking.psd 文件。

5 在【置入】对话框底部的选项区域中，勾选【链接】选项，取消勾选【模板】与【显示导入选项】选项，如图 2-11 所示。

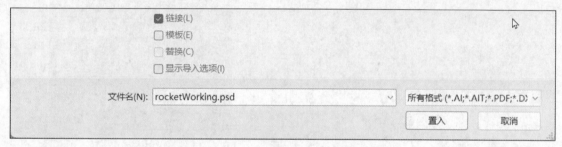

图 2-11

6 单击【置入】按钮。

7 在画板中单击，置入刚刚选择的 Photoshop 文档。

接下来，调整火箭图像（被链接的文件）在画板中的位置。画板尺寸是 24 英寸 ×36 英寸，火箭图像的尺寸是24.25 英寸 ×36.25 英寸，两者的差值就是我们在【文档设置】对话框中设定的出血量（上下左右各 0.125 英寸）。

根据这些数值，把火箭图像的左上角设置在距离画板左边缘和上边缘 0.125 英寸的地方，这样火箭图像恰好在画板中居中对齐。

8 在【属性】面板的【变换】区域中，把左上顶点指定为参考点。

9 在【属性】面板中，把【X】与【Y】值分别设置为 –0.125 英寸，如图 2-12 所示，使火箭图像在画板中居中对齐。

画板尺寸加上出血量恰好是火箭图像的尺寸，因此火箭图像和画板正好是居中对齐的。

10 在【属性】面板中，火箭图像被称为【链接的文件】，如图 2-13 所示。

11 在【属性】面板中，单击【链接的文件】，打开【链接】面板。

被链接的文件右侧有一个锁链图标。

12 双击被链接的文件，可展开链接信息，如图 2-14 所示。

从【位置】元数据中，可以找到存放被链接文件的文件夹。

> 💡 **提示** 单击【位置】元数据（一个路径），可打开存放被链接文件的文件夹。

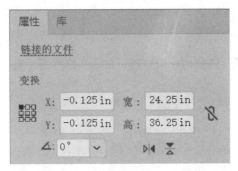

图 2-12

图 2-13

图 2-14

2.2.4 更新 Photoshop 文档

❶ 回到 Photoshop 中。

❷ 在【图层】面板底部，单击【创建新的填充或调整图层】按钮，在弹出的菜单中选择【色相 / 饱和度】，新建一个"色相 / 饱和度 1"图层，如图 2-15 所示。

此时，【属性】面板（Photoshop）中显示出【色相 / 饱和度】的各个选项。

> ♀注意 若当前【属性】面板未显示，请在菜单栏中依次选择【窗口】>【属性】，将其显示出来。

❸ 在【属性】面板中，向右拖动【色相】滑块，使其值为 +140，如图 2-16 所示。此时，火箭箭体变成亮绿色，背景呈现出暖色调。

图 2-15

图 2-16

④ 在菜单栏中依次选择【文件】>【存储】，保存改动。

⑤ 回到 Illustrator 中。

⑥ Illustrator 弹出一个消息对话框，告诉你链接的文件已经修改，并询问你是否要更新。单击【是】按钮，更新文件，如图 2-17 所示。

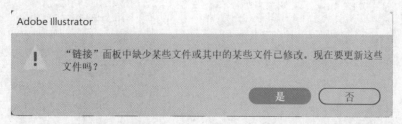

图 2-17

> 注意 当 Illustrator 询问你是否要更新所链接的文件时，若不小心单击了【否】按钮，仍然可以在【链接】面板（选择【窗口】>【链接】）中更新文件。

⑦ 保存项目。

⑧ 关闭当前文档，但不要关闭 Illustrator。

2.3 在 Illustrator 中嵌入 Photoshop 文档

接下来结合一个例子，演示如何把一个 Photoshop 文档嵌入 Illustrator 中。

> 注意 本书假设你的 Photoshop 和 Illustrator 用的都是默认设置。如果你不知道如何恢复默认设置，请阅读"在 Illustrator 中链接 Photoshop 文档"一节的内容。

2.3.1 准备工作

首先，浏览最终的合成画面，以及待置入的文件。

① 在 Photoshop 中，从 Lesson02\Imports 文件夹中打开 dish-start.psd 文件。

图 2-18

② 在菜单栏中依次选择【窗口】>【工作区】>【基本功能】，进入【基本功能】工作区。然后，依次选择【窗口】>【工作区】>【复位基本功能】。

在 Illustrator 中制作广告时，我们将使用这个 Photoshop 文档（dish-start.psd）。

③ 不要关闭 dish-start.psd 文件。切换至 Illustrator 中，打开 Lesson02 文件夹中的 L02-menu-end.ai 文件，如图 2-18 所示。

④ 在菜单栏中依次选择【窗口】>【工作区】>【基本功能】，进入【基本功能】工作区。然后，依次选择【窗口】>【工作区】>【重置基本功能】，重置 Illustrator 基本工作区。

这个文档（L02-menu-end.ai）是最终制作完成的菜单。在 Illustrator 中能够重用 Photoshop 中的矢量形状（位于盘子周围），只需置入即可。

⑤ 关闭当前文档，但不要关闭 Illustrator。

2.3.2 查看项目文件

① 回到 Photoshop 中，当前显示的是 dish-start.psd 文档。

② 查看【图层】面板，可以看到有 7 个图层，如图 2-19 所示。

· 1 个 Background 图层。

· 3 个调整图层，分别用于调整背景的清晰度、色彩鲜艳度和对比度。

· 3 个形状图层。

③ 回到 Illustrator 中。

④ 在 Illustrator 中，从 Lesson02 文件夹中打开 L02-menu-start.ai 文件。

⑤ 在菜单栏中依次选择【文件】>【存储为】，把文件另存为 L02-menuWorking.psd。

⑥ 打开【图层】面板，其中有两个图层，如图 2-20 所示。

· text 图层包含所有文本和形状，当前它们是文档中可见的元素。

· background 图层当前是空的。

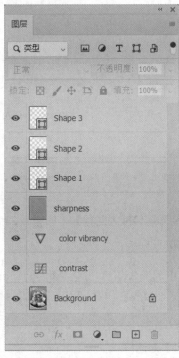

图 2-19

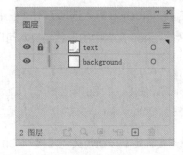

图 2-20

2.3.3 以嵌入方式置入

① 在 Illustrator 中，单击 background 图层，以便向其中添加元素。

② 在菜单栏中依次选择【文件】>【置入】。

③ 在【置入】对话框中，转到 Lesson02\Imports 文件夹，单击 dish-start.psd 文件。

④ 在选项区域中取消勾选【链接】选项，这样 Illustrator 就会以嵌入方式置入所选文档。

⑤ 取消勾选【模板】选项。

⑥ 勾选【显示导入选项】选项，如图 2-21 所示。

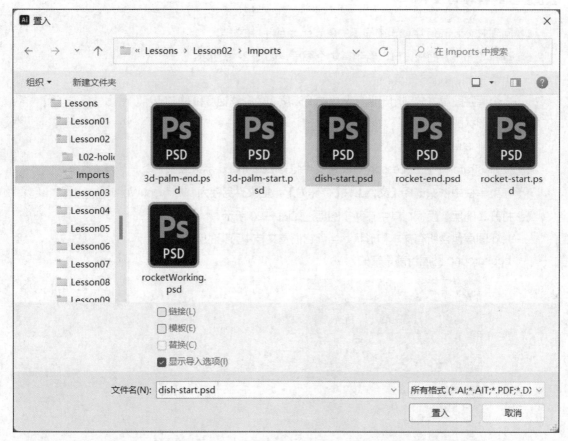

图 2-21

⑦ 单击【置入】按钮。

⑧ 在【Photoshop 导入选项】对话框中，选择【将图层转换为对象】，如图 2-22 所示。选择该选项后，Photoshop 文档中的形状与文本可以在 Illustrator 中编辑。

💡 注意　【Photoshop 导入选项】对话框下部区域中出现警告信息，这是因为 Photoshop 文档和 Illustrator 文档使用了不同的颜色模式，这会产生不同的透明度效果。这里我们可以忽略这个警告信息，因为我们使用的 Photoshop 文档中不包含透明度效果。

⑨ 单击【确定】按钮，关闭【Photoshop 导入选项】对话框。

💡 注意　把 Photoshop 文档置入 Illustrator 时，Photoshop 文档中那些受图层混合模式或调整图层影响的形状或文字图层会被合并，以防止出现意外结果。也就是说，在把 Photoshop 文档置入 Illustrator 后，我们将无法在 Illustrator 中编辑那些形状或文字了。

⑩ 文档周围有一个红色矩形框，从红色矩形框的左上角拖动至右下角，置入所选的 Photoshop 图像（菜单），如图 2-23 所示。此时，Photoshop 图像会稍微溢出，这没关系。

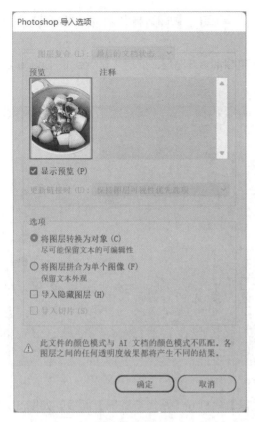

图 2-22

图 2-23

2.3.4　编辑转换后的对象

❶ 使用【选择工具】 ▶ 选择置入的图像。在
【属性】面板中，置入的图像被视作一个编组，如
图 2-24 所示。

❷ 在菜单栏中依次选择【对象】>【取消编组】，
或者按 Shift+Command+G/Shift+Ctrl+G 组合键。

❸ 单击画板周围的灰色区域，取消选择所有
对象。

❹ 在【图层】面板中，单击 background 图层
组左侧的箭头，将其展开，如图 2-25 所示。里面有
3 个形状图层，它们来自原始 Photoshop 文档，均可
以在 Illustrator 中进行编辑。

请注意，在 background 图层组中，最下方的图
层是由 Photoshop 文档中的 Background 图层与其上
方的调整图层合并得到的。而且，最下方的图层处
于锁定状态，因为在原始 Photoshop 文档中，Back-
ground 图层就是锁定的。

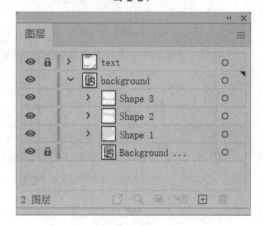

图 2-24

图 2-25

⑤ 在 Shape 1 图层最右侧的选择栏中单击圆圈，将其选中。圆圈右侧出现一个蓝色方框，表示当前图层处于选中状态。

⑥ 按住 Shift 键，使用同样的方法选中 Shape 2 和 Shape 3 图层。此时，Shape 1、Shape 2、Shape 3 这 3 个图层同时处于选中状态，如图 2-26 所示。

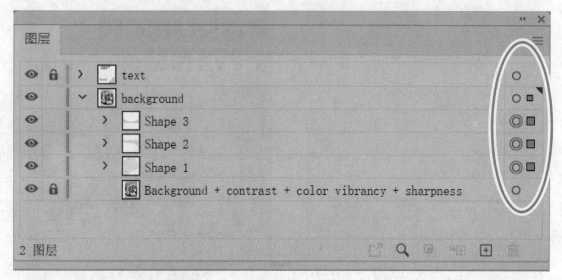

图 2-26

⑦ 在菜单栏中依次选择【窗口】>【路径查找器】，打开【路径查找器】面板，如图 2-27 所示。

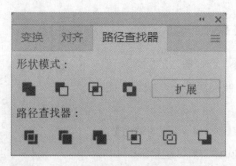

图 2-27

⑧ 在【路径查找器】面板中，单击【扩展】按钮，把所有复合形状转换成普通对象。

此时，当前选中的对象就由复合形状变成了路径。

> 💡 提示　在把 Photoshop 文档以嵌入方式置入 Illustrator 文档时，Illustrator 会把 Photoshop 文档中的形状转换成复合形状，表示它们由多个对象组成。为避免出现意外结果，最好先把这些复合形状转换成普通对象。

⑨ 在【工具】面板中，双击【填色】图标，打开【拾色器】对话框，修改所选对象的颜色值（C=91%、M=85%、Y=38%、K=30%），如图 2-28 所示。

图 2-28

⑩ 单击【确定】按钮,关闭【拾色器】对话框。

⑪ 在【属性】面板中,把【不透明度】设置为 50%,如图 2-29 所示。

⑫ 取消选择所有对象。

⑬ 保存当前项目。

💡 注意　选择以嵌入方式把 Photoshop 文档置入 Illustrator 文档后,在原始 Photoshop 文档中所做的任何编辑都不会在 Illustrator 文档中体现出来。

图 2-29

直接复制和粘贴

把 Photoshop 文档置入 Illustrator 时,除了可以使用【置入】命令外,还可以直接把 Photoshop 文档中的图层复制到 Illustrator 中。在 Photoshop 中使用【合并拷贝】命令复制多个图层的信息并粘贴到 Illustrator 中时,所有数据都会被合并,并且以单一嵌入图像的形式粘贴到 Illustrator 中。直接从 Photoshop 中向 Illustrator 复制对象有如下两个缺点。

首先,如果复制的数据超出了剪贴板的容量,你会得到一条错误信息——不能导出剪贴板,因为它太大了,如图 2-30 所示。也就是说,选择的数据量超过了 Photoshop 所允许导出的大小,因此无法将其粘贴到 Illustrator(或任何其他应用程序)中。

其次,直接从 Photoshop 复制,Illustrator 不会提供导入选项来把图层转换成对象。

图 2-30

取消嵌入已置入的文件

在 Illustrator 中以嵌入方式置入 Photoshop 文件时，Photoshop 文件中的某些（或全部）图层会合并。在 Illustrator 中，打开【链接】面板，里面显示当前文档中所有置入的文件，包括以链接方式和嵌入方式置入的文件。在【链接】面板中，你可以使用相应的面板菜单命令把已链接的文件改成嵌入方式，也可以撤销已嵌入的文件，如图 2-31 所示。在【链接】面板中，链接文件的右侧会显示一个锁链图标，而嵌入文件的右侧则没有这个图标。在【链接】面板中，选择某个文件，单击【显示链接信息】按钮（向右的三角形），会显示出详细链接信息，包括名称、格式、色彩空间、位置、尺寸等。还有一点你一定要知道，撤销嵌入后，Illustrator 无法重建原始 Photoshop 文件中的图层，而是把嵌入的文件转换成一个只包含一个图层的 Photoshop 文件，然后链接到 Illustrator 文档中。

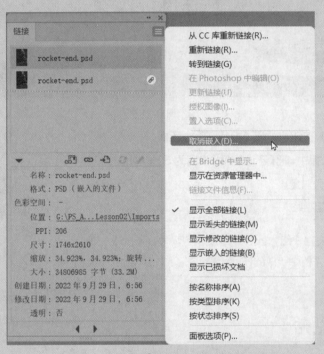

图 2-31

2.4　在 Illustrator 中使用 Photoshop 路径

💡注意　本书假设你的 Photoshop 和 Illustrator 用的都是默认设置。如果你不知道如何恢复默认设置，请阅读"在 Illustrator 中链接 Photoshop 文档"一节的内容。

Adobe Illustrator 是一个绘制矢量路径的程序，其他程序也提供了绘制矢量路径的功能，比如 Photoshop。Photoshop 提供了【钢笔工具】、形状工具等多种矢量路径绘制工具，借助这些工具，我们可以绘制出精确的形状、蒙版、选区。下面学习如何把 Photoshop 中的矢量路径导入 Illustrator 中使用。

2.4.1 准备工作

首先，浏览最终合成画面，以及要用的文件。

① 启动 Photoshop。

② 在菜单栏中依次选择【窗口】>【工作区】>【基本功能】，进入【基本功能】工作区。然后，依次选择【窗口】>【工作区】>【复位基本功能】，重置 Photoshop 基本工作区。

③ 启动 Illustrator。

④ 在菜单栏中依次选择【窗口】>【工作区】>【基本功能】，进入【基本功能】工作区。然后，依次选择【窗口】>【工作区】>【重置基本功能】，重置 Illustrator 基本工作区。

⑤ 在 Illustrator 中，打开 Lesson02 文件夹中的 L02-advanced-poster-end.ai 文件，如图 2-32 所示。

在这个项目中，我们进一步制作前面的火箭海报。画面中有线条和网格图案应用在矢量路径上，这些路径是在 Photoshop 中创建并粘贴到 Illustrator 中使用的。

⑥ 关闭当前文档，不要保存任何改动，也不要关闭 Illustrator。

图 2-32

2.4.2 查看 Photoshop 路径

① 在 Photoshop 中，从 Lesson02\Imports 文件夹中打开 rocket-start.psd 文件。

② 打开【路径】面板，默认情况下，该面板与【图层】面板位于同一个面板组中。若找不到【路径】面板，请在菜单栏中依次选择【窗口】>【路径】，将其显示出来。

【路径】面板中存储着 5 条路径，如图 2-33 所示。这些路径是使用【钢笔工具】 ✐ 和【椭圆工具】 ◯ 创建的。

> 💡 注意　有关在 Photoshop 中创建与保存路径的更多内容，请阅读第 4 课 "在 InDesign 中使用 Photoshop 路径、Alpha 通道和灰度图像"。

图 2-33

③ 在【路径】面板中，分别单击每条路径将它们选中，查看它们分别在画面中的什么位置。 当选中一条路径后，该路径就会在画面中高亮显示。

查看完路径后，不要关闭文件。

2.4.3 复制与粘贴路径

接下来，我们先把 Photoshop 中的路径复制到 Illustrator 文档中。然后，在 Illustrator 中向路径应用填充图案。

① 在【路径】面板中，单击名为 rocket 的路径。

此时，火箭路径在画面中高亮显示。

② 在【工具】面板中，选择【路径选择工具】 ▶（不要将其与【移动工具】 ✛ 混淆）。

③ 在画面中单击路径，将其选中。此时，路径上显示出很多个锚点，如图 2-34 所示。

④ 按 Command+C/Ctrl+C 组合键，把路径复制到剪贴板中。

⑤ 在 Illustrator 中，从 Lesson02 文件夹中打开 L02-advanced-poster-start.ai 文件。

⑥ 在菜单栏中依次选择【文件】>【存储为】，把文件另存为 L02-advanced-posterWorking.ai。

⑦ 在【图层】面板中，单击名为 pattern 的图层，将其选中。

⑧ 按 Command+V/Ctrl+V 组合键，粘贴路径。

⑨ 在【粘贴选项】对话框中，选择【复合形状（完全可编辑）】，然后单击【确定】按钮，如图 2-35 所示。

图 2-34

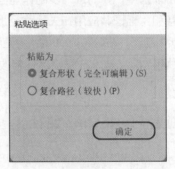

图 2-35

💡 提示　由于粘贴的路径中不包含重叠形状，所以在【粘贴选项】对话框中选择任意一个选项都可以。但是，当同时粘贴多个重叠形状时，建议选择【复合形状（完全可编辑）】，这个选项允许你自由地控制各个形状之间的交互方式。选择该选项后，你可以在 Illustrator 中使用【路径查找器】面板对路径执行添加、减去、排除等操作。

⑩ 在路径仍处于选中状态的情况下，在【工具】面板中双击【填色】图标，在【拾色器】对话框中任选一种颜色填充到路径中，使其更好辨认，如图 2-36 所示。

⑪ 在菜单栏中依次选择【视图】>【智能参考线】，开启【智能参考线】功能（若【智能参考线】命令左侧有对钩，表示其已经处于开启状态），如图 2-37 所示。

⑫ 使用【选择工具】 ▶ 移动火箭路径，使其对齐至出血区域的右下角。开启【智能参考线】功能后，移动火箭路径时，它会自动吸附到出血区域的边缘线上。对齐之后，取消选择火箭路径。

现在，我们有了一个火箭形状的对象。但是，我们希望创建的是一个覆盖火箭之外区域的形状。也就是说，我们需要把火箭形状反转一下。这使用一个大矩形和【路径查找器】面板就可以实现。

⑬ 在【工具】面板中选择【矩形工具】 ▢ 。

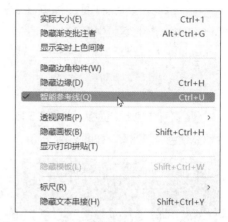

图 2-36	图 2-37

⓮ 使用【矩形工具】▣，在出血区域的左上角向右下角进行拖动，绘制一个覆盖住整个画板的大矩形。在智能参考线的辅助下，我们可以轻松地把矩形和出血区域准确对齐。

⓯ 在【图层】面板中，当前 pattern 图层下有两个对象，一个名为"< 矩形 >"，另一个名为"< 复合路径 >"，如图 2-38 所示。在矩形处于选中状态的情况下，按住 Shift 键单击"< 复合路径 >"右侧的圆圈，把矩形与火箭路径同时选中。

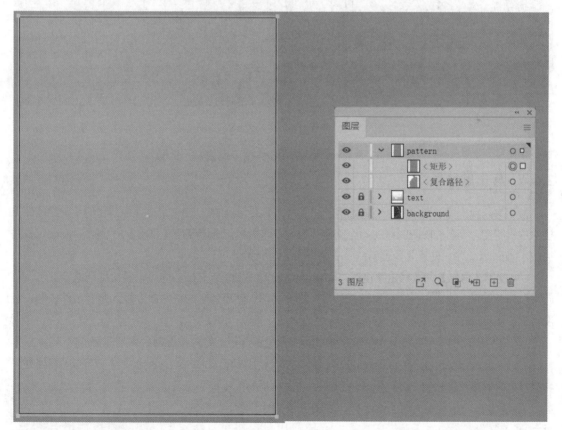

图 2-38

⓰ 在【路径查找器】面板中，单击【差集】按钮，如图 2-39 所示，把火箭形状从矩形区域中抠去。

图 2-39

💡注意　在菜单栏中依次选择【窗口】>【路径查找器】，可打开【路径查找器】面板。

⓱ 打开【色板】面板，单击【6 lpi 40%】色板，在剩下的区域中填充紫色线条图案，如图 2-40 所示。

图 2-40

⓲ 取消选择所有对象。

2.4.4　导出路径

接下来，我们需要把火箭排气管周围的路径导入 Illustrator 中。在这个过程中，我们希望路径保持相对位置不变，而且能够同时移动 4 个路径。因此，这里我们选择使用【导出】命令把 Photoshop 路径放入 Illustrator 中。使用【导出】命令主要有如下两个优点。

· 使用【导出】命令导出路径后，你会得到一个独立的 AI 文档，你可以轻松地把这个文档保存起来供日后使用，也可以把它分享给其他人。相比之下，使用复制、粘贴命令导入路径虽然快捷，但没有这个优点。

· 在导出文档（AI 文档）中，文档中的画布尺寸和路径的绝对位置都会得到保留。

❶ 启动 Photoshop，在 Lesson02\Imports 文件夹中打开 rocket-start.psd 文件（若当前已经处于打开状态，请跳过该步骤）。

❷ 在菜单栏中依次选择【文件】>【导出】>【路径到 Illustrator】。

❸ 在【导出路径到文件】对话框的【路径】下拉列表中选择【所有路径】，如图 2-41 所示。单击【确

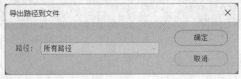

图 2-41

定】按钮，关闭【导出路径到文件】对话框。

④ 在【选择存储路径的文件名】对话框中，输入文件名"exhaust.ai"，然后单击【保存】按钮。

⑤ 回到 Illustrator 中，打开刚刚创建的 exhaust.ai 文件。

打开 exhaust.ai 文件时，一定要选对选项，否则 Photoshop 中的原始画布尺寸和绝对路径位置都会丢失。

⑥ 在【转换为画板】对话框中，仅勾选【裁剪区域】选项，如图 2-42 所示。

⑦ 单击【确定】按钮。

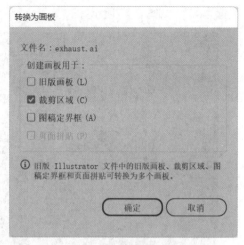

图 2-42

Illustrator 打开 exhaust.ai 文档时，文档名称后面会有"[转换]"字样。这是因为 Photoshop 中的【导出路径到文件】对话框创建的文档是旧的 Illustrator 格式，打开时，Illustrator 需要将其转换成新的文件格式。

⑧ 按 Command+0/Ctrl+0 组合键，缩小画板，使其适合屏幕。

⑨ 按 Command+Y/Ctrl+Y 组合键，打开【轮廓】模式。此时，所导出的路径的轮廓就呈现出来了，如图 2-43 所示。

⑩ 选择【选择工具】 ▶，按住 Shift 键单击 4 个圆形排气管，将它们选中，如图 2-44 所示，然后复制到剪贴板中。请注意，选择排气管时，不要把火箭本身选中了。

图 2-43

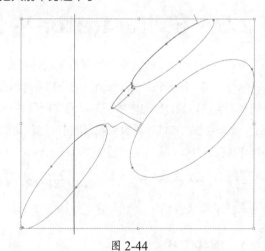

图 2-44

⑪ 返回 L02-advanced-posterWorking.ai 文件中。

⑫ 在【图层】面板中，确保 pattern 图层仍处于选中状态。

⑬ 在菜单栏中依次选择【编辑】>【贴在前面】，把 4 个路径粘贴到其他所有图层之上。

⑭ 在 4 个路径仍处于选中状态的情况下，在【色板】面板中，单击【Grid .5 Inch Lines】色板，应用绿色网格图案，如图 2-45 所示。保持 4 个路径处于选中状态。

⑮ 在菜单栏中依次选择【效果】>【扭曲和变换】>【变换】。

⑯ 在【变换效果】对话框中，取消勾选【变换对象】选项，勾选【变换图案】选项，把【角度】

设置为 45°，如图 2-46 所示。

图 2-45

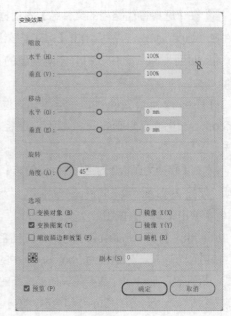

图 2-46

⑰ 单击【确定】按钮，关闭【变换效果】对话框，然后取消选择所有对象。

⑱ 保存当前项目。

2.5　在 Illustrator 中使用 Photoshop 云文档

Adobe Creative Cloud 中的许多应用程序都提供了将文档保存到云端的功能，比如 Photoshop、Illustrator、XD、Fresco、InDesign。把文档保存到云端有很多好处。下面我们一起了解如何使用云文档的基本链接功能。首先你要明白，云文档只是一些普通文档，它们保存在 Creative Cloud 云端服务器上，而非存放在本地计算机或服务器中。也就是说，只要有联网设备，有网络，你就可以使用云文档，不管你身在何处。

💡 提示　有关云文档的更多内容，请阅读第 9 课的"使用 Creative Cloud 库与他人协作""使用云文档协作"中的内容。

2.5.1　准备工作

💡 注意　本书假设你的 Photoshop 和 Illustrator 用的都是默认设置。如果你不知道如何恢复默认设置，请阅读"在 Illustrator 中链接 Photoshop 文档"一节的内容。

首先，浏览最终合成画面，以及要用的文件。

❶ 启动 Photoshop。

❷ 在菜单栏中依次选择【窗口】>【工作区】>【基本功能】，进入【基本功能】工作区。然后，依次选择【窗口】>【工作区】>【复位基本功能】，重置 Photoshop 基本工作区。

③ 启动 Illustrator。

④ 在 Illustrator 中，打开 Lesson02 文件夹中的 L02-holiday-end.ai 文件。

画面背景是一个链接的 Photoshop 云文档。下面我们将学习如何在 Illustrator 中置入 Photoshop 云文档，以及学习如何使用 Illustrator 提供的 3D 功能在设计中添加 3D 文本。

⑤ 在菜单栏中依次选择【窗口】>【工作区】>【基本功能】，进入【基本功能】工作区。然后，依次选择【窗口】>【工作区】>【重置基本功能】，重置 Illustrator 基本工作区。

⑥ 关闭当前文档，但不要关闭 Illustrator。

2.5.2 保存 Photoshop 云文档

① 在 Photoshop 中，从 Lesson02\Imports 文件夹中打开 3d-palm-start.psd 文档。

该文档是一个本地 Photoshop 文件。接下来，我们把这个文档在云端另存一份。

② 在菜单栏中依次选择【文件】>【存储为】。

③ 在【存储为】对话框中，单击【保存到云文档】按钮，如图 2-47 所示。

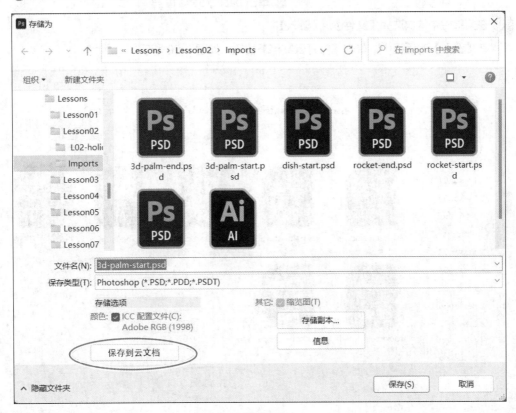

图 2-47

④ 在【保存到 Creative Cloud】对话框中，把文件命名为 3d-palm，单击【保存】按钮，即可把当前 Photoshop 文档保存到云端。

在文档选项卡标签中可以看到文件名变为 3d-palm.psdc，同时旁边出现一个云朵图标，如图 2-48 所示。不要关闭文件。

图 2-48

2.5.3　在 Illustrator 中置入 Photoshop 云文档

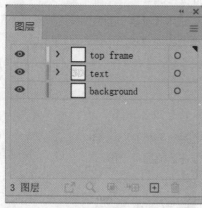

图 2-49

❶ 在 Illustrator 中，从 Lesson02 文件夹中打开 L02-holiday-start.ai 文件。

❷ 在菜单栏中依次选择【文件】>【存储为】，把文件另存为 L02-holidayWorking.ai。

❸ 打开【图层】面板，可以看到其中有 3 个图层，如图 2-49 所示。

· top frame 图层包含一个白色矩形

· text 图层包含所有文本元素。

· background 图层是一个空白图层。

❹ 单击 background 图层。

❺ 在菜单栏中依次选择【文件】>【置入】。

❻ 在【置入】对话框中，单击【打开云文档】按钮，如图 2-50 所示。

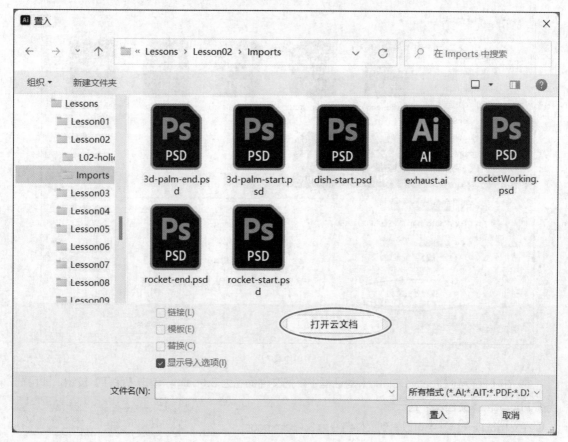

图 2-50

弹出【从 Creative Cloud 置入】对话框，其中列出了云端所有允许置入的云文档，包括 Photoshop 云文档，以及 Adobe Fresco 文档。

⑦ 单击 3d-palm.psdc 文件，将其选中。然后在对话框下部勾选【链接】选项。

⑧ 单击【置入】按钮。

⑨ 从画板的左上角向右下角拖动，把图像置入 Illustrator 文档中，并使其与画板尺寸匹配，如图 2-51 所示。

⑩ 在图像处于选中状态的情况下，在【属性】面板顶部单击【链接的文件】，临时打开【链接】面板。可以看到 3d-palm.psdc 文件右侧有一个云朵图标和一个锁链图标。

⑪ 在【链接】面板中，双击被链接的文件，展开链接信息，如图 2-52 所示。从【位置】元数据部分可以清晰地看到图像是一个云端资源。

图 2-51

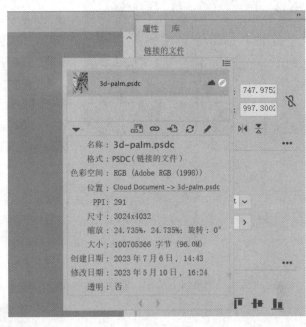

图 2-52

⑫ 在【链接】面板之外单击，【链接】面板将自动隐藏。

2.5.4　更新 Photoshop 云文档

① 回到 Photoshop 中，当前 3d-palm.psdc 文件仍处于打开状态。

② 在【图层】面板中，单击"背景"图层，将其选中。

③ 按 Command+J/Ctrl+J 组合键，复制"背景"图层。

④ 双击新图层名称，将其修改为 3d，如图 2-53 所示。接下来，置换图层的红通道，以此制作 3D 效果。

⑤ 双击"3d"图层的缩览图，打开【图层样式】对话框。

⑥【混合选项】的【高级混合】区域中有 3 个通道：R（红）、G（绿）、B（蓝）。取消勾选 G（绿）、B（蓝）通道，

图 2-53

图 2-54

仅勾选 R（红）通道，如图 2-54 所示。

⑦ 单击【确定】按钮，关闭【图层样式】对话框。

⑧ 在【工具】面板中选择【移动工具】➕。

⑨ 在"3d"图层处于选中状态的情况下，按住 Shift 键，按←键，把图像往左移动。每按一次←键，图像向左移动 10 个像素。把图像往左移动大约 10 次，直到得到令人满意的 3D 效果，如图 2-55 所示。

⑩ 在菜单栏中依次选择【文件】>【存储】，更新云文档。

⑪ 回到 Illustrator 中，当前显示的文档是 L02-holidayWorking.ai。此时，Illustrator 会弹出一个消息对话框，告知你所链接的文件已经缺失或者发生了修改，如图 2-56 所示。

⑫ 选择 background 图层，然后在【属性】面板中单击【链接的文件】，打开【链接】面板。

此时，在云朵图标右侧出现【有可用更新】图标，表示当前文档需要更新。

图 2-55

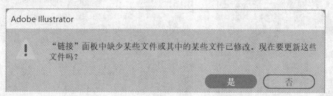

图 2-56

⑬ 单击【更新链接】按钮，如图 2-57（左）所示，更新图像，效果如图 2-57（右）所示。

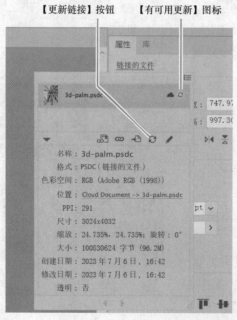

图 2-57

不要关闭文件。

2.5.5 添加 3D 文字

① 使用【选择工具】 ▶ 选择"3D"对象。该对象由两个字符组成，这两个字符已转换为轮廓（形状），分别带有白色填充以及红色和蓝色描边。

② 在菜单栏中依次选择【效果】>【3D 和材质】>【凸出和斜角】，弹出【3D 和材质】面板，在【对象】选项卡中进行以下设置，如图 2-58 所示。

- 把【深度】值设置为 100pt。
- 把【旋转】值分别设置为 10°、10°、0°。

③ 在面板顶部单击【光照】选项卡，进行如下设置。

- 把【强度】设置为 100%。
- 把【旋转】设置为 84°。
- 把【高度】设置为 44°。
- 把【软化度】设置为 45%。
- 取消勾选【环境光】选项。

图 2-58

④ 关闭【3D 和材质】面板。最终效果如图 2-59 所示。

图 2-59

⑤ 保存当前项目，不要关闭项目。

2.6 项目打包

每次在一个 Illustrator 文档中以链接方式置入另一个文档后，两个文档之间就建立起了某种关联。不论链接的文件存放在何处（如硬盘、服务器或云端等）皆是如此。当整个项目最终制作完成时，建议你把所有链接的资源打包在一起。

打包的主要好处是，可以给项目创建一个独立版本，它拥有独立的链接文件。也就是说，当这些独立版本中的链接文件发生意外变化（比如有人修改了链接文件但不知道该文件已经链接到了你的项目中）时，主项目不会受到影响。

打包时，Illustrator 会创建一个文件夹，其中包含如下内容。

· 项目文件副本。

· 一个子文件夹，里面包含所有链接文件的副本。

· 一个子文件夹，其中包含文档中用到的所有本地字体的副本。请注意，由于许可限制，Adobe Fonts 同步字体不会被包含在打包文件中，只有本地字体才会被包含进去。

> ♀ 注意 以嵌入方式置入的图像包含在 Illustrator 文档中，它们不会出现在单独的文件夹中。只有以链接方式置入的图像才会包含在单独的文件夹中。

然后，项目副本中的所有链接会重新链接到所链接文件的副本（这些副本位于一个新创建的子文件夹中）上。

① 在菜单栏中依次选择【文件】>【打包】。

② 在【打包】对话框中选择一个位置，用于存放打包文件夹。

③ 把打包文件夹命名为 L02-holiday-end_Folder。

其他选项保持默认设置不变，如图 2-60 所示。

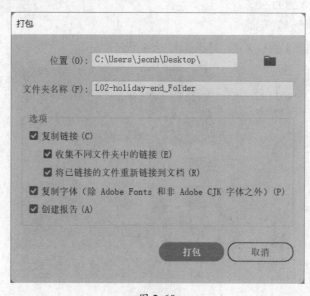

图 2-60

❹ 单击【打包】按钮。

出现有关字体法律条款的提示信息，单击【确定】按钮。

打包完成后得到一个文件夹，如图 2-61 所示，你可以把它发送给其他人（如打印服务商、客户或同事等），或者将其作为备份保存到服务器上。

图 2-61

> 💡 **注意** 由于本项目中的所有文字都转换成了轮廓，所以打包项目时，Illustrator 不会打包原先应用于文字的字体。另外，编写本书之时，Illustrator 尚不支持打包云文档。

2.7　复习题

❶ 相比嵌入方式，使用链接方式把 Photoshop 文档置入 Illustrator 中有哪些好处？请说出两种。

❷ 使用嵌入方式把 Photoshop 文档置入 Illustrator 时，在【Photoshop 导入选项】对话框中选择【将图层转换为对象】，Photoshop 文档中的调整图层会发生什么变化？

❸ 相比直接把路径从 Photoshop 复制到 Illustrator 中，在 Photoshop 中使用【路径到 Illustrator】命令导出路径有什么好处？

❹ 什么情况下我们无法直接从 Photoshop 把图像复制到 Illustrator 中？

❺ 以嵌入方式把某个包含多个图层的 Photoshop 文档置入 Illustrator 之中后，还有办法把它恢复成原始状态吗？

2.8　复习题答案

❶ 以链接方式把一个 Photoshop 文档置入 Illustrator 后，我们可以在 Photoshop 中自由地修改 Photoshop 文档，而且这些修改可以立即在 Illustrator 中体现出来。使用链接方式置入 Photoshop 文档后，Photoshop 文档不会被直接包含到 Illustrator 文档中，这样 Illustrator 文档就不会变得太大。

❷ Illustrator 无法把 Photoshop 调整图层转换成 Illustrator 对象。因此，所有调整图层都会被向下合并到第一个图像图层中。

❸ 在 Photoshop 中，使用【路径到 Illustrator】命令可以把 Photoshop 文档中的所有路径同时导出。而且，被导出的文件与原始 Photoshop 画布尺寸一致。

❹ 当在 Photoshop 中选择的数据超过了剪贴板的容量时，就会出现一个错误信息，告诉你无法导出剪贴板，即无法复制。

❺ 以嵌入方式把某个 Photoshop 文档置入 Illustrator 中后，原 Photoshop 文档中的图层会被合并，无法恢复成原始状态。在【链接】面板的面板菜单中选择【取消嵌入】，可以把嵌入文件转换成链接文件，但是在链接文件中的图层都是经过合并了的。

在 InDesign 中使用包含图层的 Photoshop 文件

本课讲解如下内容：

- 在 InDesign 中更改置入的 Photoshop 文档的图层可见性，以实现各种效果；
- 在文档中覆盖图层的方法；
- 在 Photoshop 中创建图层复合；
- 更新图层复合；
- 使用图层复合在 InDesign 中创建同一个文档的多个版本。

学习本课大约需要 **45** 分钟

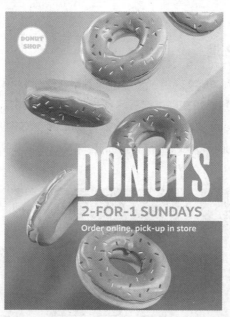

　　在 Photoshop 中，借助图层复合技术，我们可以在同一个 Photoshop 文档中为同一幅图像创建多个不同版本。当把这些文档置入 InDesign 时，图层复合会发挥出更强大的作用。通过在 InDesign 中控制 Photoshop 图层的可见性，我们能够轻松创建容纳同一个图像不同版本的布局。

3.1 在 InDesign 中管理 Photoshop 图层的可见性

第 2 课中，我们了解到图层在 Photoshop 文档中扮演着至关重要的角色，而且是 Photoshop 文档不可或缺的组成部分。在【图层】面板中，显示或隐藏某个图层会给整个设计画面的外观或氛围带来翻天覆地的变化。在 Photoshop 中显示和隐藏图层虽然增加了设计的灵活性，但在某些情况下也可能会带来不利影响。

3.1.1 版本控制

有关版本控制的问题相信大家都经历过。通常我们会先在 Photoshop 中做好设计，然后把设计置入 InDesign 中使用。当设计稿有多个版本时，判断哪一个版本更好就成了一件困难的事情。你更倾向于选择一个拥有丰富特效和细节的版本，还是一个简单明了、去掉了各种特效的版本呢？在 Photoshop 中，我们可以轻松而快捷地显示或隐藏特效图层，但在 InDesign 中操作起来就有点难度了。

那么，我们如何解决这个问题呢？一个办法是复制 Photoshop 文档，然后把两个版本分别保存成单独的文档。在 InDesign 中是置入 A 版本还是置入 B 版本，完全由客户自己决定。这个办法本身没什么错，但有如下几个缺点。

- 复制 Photoshop 文档后，需要同时管理两个文档。
- Photoshop 文档可能会占用大量存储空间，复制 Photoshop 文档会使占用的存储空间增加一倍。
- 两个版本有些图层相同，当需要修改其中一个共享图层时，更新两个 Photoshop 文档会变得很麻烦。
- 在 InDesign 中把 A 版本替换成 B 版本可能需要多个步骤，具体取决于 InDesign 文档的复杂程度。

3.1.2 InDesign 解决之道

针对上面提到的问题，InDesign 提供了一个解决方案，让我们可以自由地指定置入文档中图层的可见性，同时又不会影响到原始文档。这就是我们常说的图层覆盖技术。InDesign 允许我们在置入 Photoshop 文档、Illustrator 文档、PDF 文档或其他 InDesign 文档时应用图层覆盖技术。在一个 InDesign 文档中置入另一个 InDesign 文档，有时我们也叫文档嵌套，效果如图 3-1 所示。更多内容在第 7 课 "嵌套文档" 中讲解。

图 3-1

图层覆盖的优点在于，我们可以通过显示或隐藏文档中的特定图层来得到置入文档的不同版本，同时又不会改变原始文档。

图层覆盖技术看起来很神奇，但使用时也存在一些风险。稍后我们会深入讨论这些风险。

💡 提示　当在 InDesign 中覆盖图层时，你会发现在 Photoshop 中打开原始 Photoshop 文档时，Photoshop 文档不会发生变化。

3.2　使用调整图层创建不同版本

下面我们学习如何在 InDesign 中通过显示或隐藏调整图层来改变一个 Photoshop 文档的外观和效果。在图层覆盖技术的加持下，我们只需用一个 Photoshop 文档就能为同一个设计创建出不同版本。

3.2.1　查看 Photoshop 文档

① 启动 Photoshop，在菜单栏中依次选择【Photoshop】>【首选项】>【常规】（macOS），或者选择【编辑】>【首选项】>【常规】（Windows），打开【首选项】对话框。

② 单击【在退出时重置首选项】按钮，单击【确定】按钮。然后重启 Photoshop。

③ 在 Lesson03\Imports 文件夹中打开 pier.psd 文件。

④ 打开【图层】面板，其中有 4 个图层，如图 3-2 所示。

图 3-2

* 一个名为 pier1 的图像图层（隐藏）。
* 一个名为 pier2 的图像图层。
* 一个名为 Grayscale 的调整图层（隐藏），用来把其下的所有图层变成黑白。
* 一个名为 Posterize 的调整图层（隐藏），用于向其下所有图层应用色调分离效果。

💡 注意　当前两个调整图层都是隐藏的（或停用的）。在把该 Photoshop 文档置入 InDesign 后，你可以选择启用哪一个调整图层。

3.2.2　置入 Photoshop 文档与覆盖图层

① 启动 InDesign，按 Control+Option+Shift+Command（macOS）或 Alt+Shift+Ctrl（Windows）组合键，恢复默认首选项。

② 在出现的询问对话框中单击【是】按钮，删除 InDesign 首选项文件。

③ 在 Lesson03 文件夹中打开 L03-postcard-start.indd 文件。

④ 在菜单栏中依次选择【文件】>【存储为】，把文件另存为 L03-postcardWorking.indd。

⑤ 使用【选择工具】▶ 在页面中选择灰色图形框，如图 3-3 所示。

图 3-3

⑥ 在菜单栏中依次选择【文件】>【置入】，在【置入】对话框中转到 Lesson03\Imports 文件夹。选择 pier.psd 文件，在对话框下部取消勾选【显示导入选项】选项，如图 3-4 所示。单击【打开】按钮，在当前 InDesign 文档中置入所选文件。

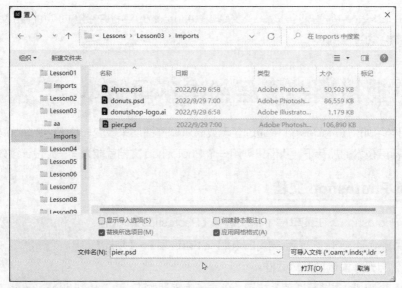

图 3-4

⑦ 使用【选择工具】 ▶ 选择 Ventura Pier 文本对象。请注意，该文本对象已经转换成了图形框，其中包含已经转换成轮廓的文本。

💡 提示 把文本转换成轮廓后，文本就变成了矢量图形，就不能再像动态文本那样进行编辑了。

⑧ 在文本对象处于选中状态的情况下，在菜单栏中依次选择【文件】>【置入】。

⑨ 在【置入】对话框中，再次选择 pier.psd 文件，在对话框下部勾选【显示导入选项】选项，如图 3-5 所示。

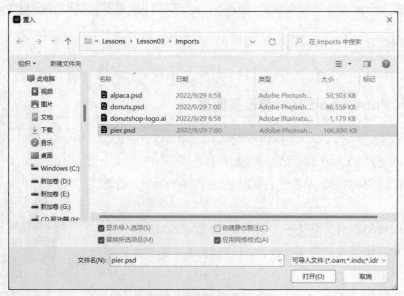

图 3-5

⑩ 单击【打开】按钮，打开【图像导入选项】对话框。

💡 提示 在【置入】对话框中，按住 Shift 键单击【打开】按钮，也可以打开【图像导入选项】对话框。

⑪ 在【图像导入选项】对话框的【图层】选项卡中，显示了 pier.psd 文件中的所有图层，如图 3-6 所示。

图 3-6

⑫ 单击 Grayscale 图层左侧的空白区域，使其可见。此时，Grayscale 图层左侧出现一个眼睛图标，同时更新预览区域，显示图像应用了黑白调整图层之后的样子，如图 3-7 所示。

图 3-7

⑬ 单击【确定】按钮，把黑白图像填充到文本对象中，如图 3-8 所示。

图 3-8

完成操作后，不要关闭文件。

3.2.3 置入后覆盖 Photoshop 图层

① 在 L03-postcardWorking.indd 文档中，进入第 2 页。

② 选择灰色图形框，如图 3-9 所示。

③ 在菜单栏中依次选择【文件】>【置入】。

④ 在【置入】对话框中，取消勾选【显示导入选项】选项。

⑤ 选择 pier.psd 文件，单击【打开】按钮，将其导入所选图形框中。

⑥ 在置入图像处于选中状态的情况下，在菜单栏中依次选择【对象】>【对象图层选项】，如图 3-10 所示。

图 3-9　　　　　　　　　　　　　　　　　图 3-10

⑦ 在弹出的"对象图层选项"对话框中，单击 pier1 图层左侧的空白区域，使其可见。此时，画面立即更新，新图像覆盖了原来的图像。

⑧ 单击 Posterize 图层左侧的空白区域，使其可见，如图 3-11（左）所示。

此时，色调分离调整图层发挥作用，画面中的色调发生分离，如图 3-11（右）所示。

图 3-11

> 💡 **注意** 请确保【预览】选项处于勾选状态。

> 💡 **注意** 值得一提的是，组合活动图层和失活图层是 InDesign 特有的功能。InDesign 能够直接在页面上正确地渲染不同图层、调整图层及混合模式。若有兴趣，你可以尝试开关一些图层形成不同组合来测试一下效果。

❾ 单击【确定】按钮，关闭【对象图层选项】对话框。保持文档处于打开状态，不要将其关闭。

什么情况下覆盖图层会出错？

从上面的例子（以及本课和后续课程的例子）可以看出，覆盖图层极大地提高了灵活性。在把 Photoshop 文档置入 InDesign 时，覆盖图层非常有用。但有一点需要注意：一不小心，InDesign 就可能会撤销所有图层覆盖。

在 InDesign 中置入 Photoshop 文档时，InDesign 会分析置入文档的当前图层结构，获取如下信息：

· Photoshop 文档中的总图层数；
· 图层顺序；
· 图层名称。

因此，使用图层覆盖时，必须确保原始 Photoshop 文档中的图层结构不变，这一点至关重要。为此，我们需要尽量避免执行以下操作：

· 添加或删除图层；
· 重命名图层；
· 改变现有图层的顺序；
· 改变现有图层的可见性。

只要你执行了上面的任一操作，在更新后的 Photoshop 文档中，图层结构就会变得和以前不一样。对此，InDesign 会重置所有图层覆盖，并把置入文档恢复成其最近一次保存的状态。如果在 InDesign 中置入的是 Photoshop 文档，这种情况就无法避免。此时，要想恢复之前的工作，就必须在 InDesign 中重新应用图层覆盖。

> 💡 **提示** 当 InDesign 中置入的是 Illustrator 文档、PDF 文档、InDesign 文档，进行图层覆盖时，有一种方法可以在一定程度上避免发生图层覆盖重置的情况。相关内容将在第 5 课 "在 InDesign 中使用 Illustrator 图稿" 中讲解。

一些防止图层覆盖重置的建议

接下来给出一些建议，帮助大家尽量避免 InDesign 重置图层覆盖的行为。InDesign 会有重置行为，最主要的一个原因是，在把 Photoshop 文档置入 InDesign 之中后，我们又在 Photoshop 文档中添加了新的图层。

要知道，虽然 InDesign 对图层本身结构（如图层名称、图层顺序、可见性等）很敏感，但它并不关心图层的内容和类型。也就是说，你可以使用以下方法更新现有图层：

- 更改图层的透明度；
- 更改图层的混合模式；
- 为现有图层添加、移除、修改图层样式；
- 更改调整图层设置、蒙版、填充图层和其他类型的图层。

换言之，只要保证不改动原来的图层结构，执行任意操作均可。为了应对将来添加图层的需求，你可以预先在 Photoshop 文档中添加一些占位用的空白图层。例如，如果你认为将来有可能会添加 3 个图层，那么你可以事先在文档中添加 3 个空白（或隐藏）图层，然后给它们取一个通用名字，比如图层 1、图层 2、图层 3。将来你可以使用这些占位图层来添加更多内容。比如，你可以把一个图像导入图层 1 中，添加一个填充图层，将其命名为图层 2，再添加一个调整图层，将其命名为图层 3。

再说一遍，InDesign 并不关心图层的内容和类型。只要置入文档中包含图层 1、图层 2、图层 3，InDesign 就不会把图层覆盖重置，这是因为原来的图层结构并未发生变化，如图 3-12 所示。虽然这不是一个完美的解决办法，但它确实能带来一定的灵活性。

图 3-12

3.2.4　如何检测文档中有无图层覆盖

为了防止更新置入的 Photoshop 文档时发生意外，我们需要某种预警系统，当置入文档的图层被覆盖时，预警系统会发出警告，提醒我们注意。这在前一个练习中不是问题，因为我们自己动手设置了图层覆盖。但有时我们使用的文档来自其他人，比如同事、外包人员。有时即便使用的是自己制作的文档，但时间一长，我们也会忘记。在这些情况下，我们无法知道或者不记得这些文档当时是怎么创建的。对于这些问题，InDesign 是怎么帮助我们解决的呢？

3.2.4.1　在【链接】面板中查看图层覆盖

InDesign 中的【链接】面板是一个高度可配置的面板，它能够向我们显示默认隐藏的链接信息。

下面我们设置【链接】面板，让其显示文档中哪些链接文件包含图层覆盖。

① 在菜单栏中依次选择【窗口】>【链接】，打开【链接】面板。

💡提示　按住 Option 或 Alt 键，单击置入图形上的链接图标（位于图形对象的左上角），InDesign 会自动打开【链接】面板，并在面板中选择链接文件。

② 打开面板菜单，选择【面板选项】，如图 3-13 所示，打开【面板选项】对话框。

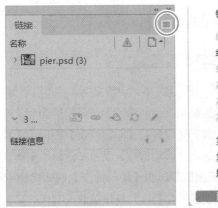

图 3-13

③ 在【面板选项】对话框中的【行大小】下拉列表中选择【大行】，在【链接】面板中显示更大的缩览图。

④ 在【显示栏】中，勾选【图层优先选项】（图层覆盖）选项，如图 3-14 所示。

⑤ 单击【确定】按钮，关闭【面板选项】对话框。

⑥ 展开【链接】面板，可以看到刚刚添加的【图层优先选项】一列信息，如图 3-15 所示。

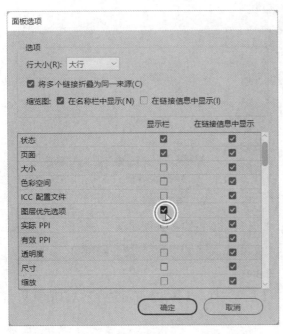

图 3-14

图 3-15

【图层优先选项】栏用眼睛图标表示。本例中，我们会看到如下信息。

· 仔细观察，你会发现 pier.psd 文件的 3 个缩览图各不一样，每一个缩览图代表同一个图像的不同版本。

· 对于包含覆盖图层的链接文件，【图层优先选项】栏中显示为【是】；而对于图层的可见性和链接文档中图层的可见性一致的，【图层优先选项】栏中显示为【否】。

💡提示　在【图层优先选项】栏中，双击【是】或【否】，可打开相应图像的【对象图层选项】对话框。

· 【是】右侧括号内的数字代表有几个图层被覆盖了。

3.2.4.2　使用【印前检查】面板检测图层覆盖

在【印前检查】面板中可以设置一些条件，当使用文本、设置文档属性、管理颜色或使用图像时，InDesign 会根据你设置的条件自动触发警报。这是 InDesign 中容易被忽视的功能，如果你能好好利用它，能给你带来许多意想不到的便利。这里，我们可以配置【印前检查】面板，使其在检测到文档中有图层覆盖时发出警告。不过，有一点需要注意，【印前检查】面板主要是用来检查印前文档中的错误的，如图像分辨率太低、字体太小、文档无出血等。当【印前检查】面板检测到有图层覆盖时，InDesign 会报错，也就是说，在打开包含图层覆盖的文档（尤其是其他人制作的文档）时，虽然我们只希望得到一条警告信息，但最后得到的却是一条错误信息。因此，当你在【印前检查】面板中看到这样的错误信息时，不要以为出了大纰漏。

❶ 在菜单栏中依次选择【窗口】>【输出】>【印前检查】，打开【印前检查】面板。

💡提示　双击屏幕底部的印前检查信息（显示印前错误数量），也能打开【印前检查】面板。

❷ 打开面板菜单，选择【定义配置文件】，如图 3-16 所示，打开【印前检查配置文件】对话框。

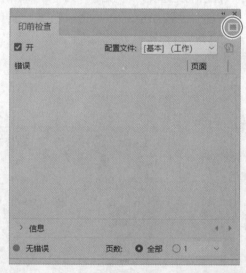
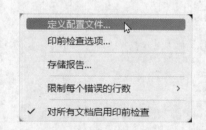

图 3-16

在对话框的左侧栏中，当前选中的是【基本】配置文件。【基本】配置文件无法直接编辑，需要先复制一份。

❸ 在左侧栏底部单击加号图标，新建一个配置文件，将其命名为 layer overrides。

④ 在该对话框的右侧，单击【图像和对象】的展开按钮，显示其下方可用的设置项。在列表中，勾选【图层可视性优先】选项，如图 3-17 所示。

当然，你也可以根据需要设置其他选项，相关内容已超出本书讨论的范围，在此不谈。

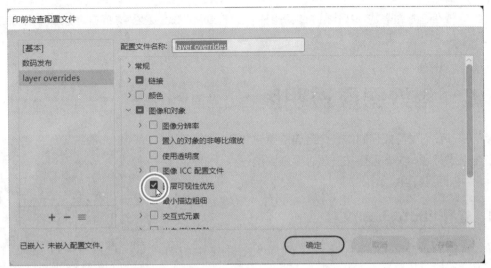

图 3-17

⑤ 单击【确定】按钮，关闭【印前检查配置文件】对话框。

⑥ 在【配置文件】下拉列表中选择刚刚创建的配置文件（layer overrides），将其激活。此时，【印前检查】面板中显示出两个错误，如图 3-18 所示。

⑦ 在【错误】列表中，双击【图像和对象（2）】，再双击【图层可视性优先（2）】，显示搜索结果，如图 3-19 所示。

图 3-18

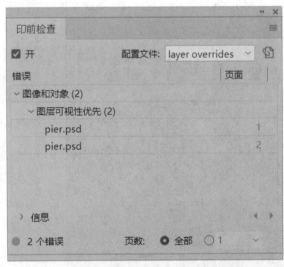

图 3-19

♀ 注意　当你在 InDesign 中工作时，【印前检查】面板会实时更新。也就是说，InDesign 会自动在【印前检查】面板中添加或删除错误。

⑧ 双击第一个 pier.psd，在文档中转到相应图像。对第二个 pier.psd 执行相同的操作。

💡 提示　建议你创建一个印前检查配置文件，用来帮助你快速分析从其他 InDesign 用户那里收到的文档，并生成相应的报告。例如，你可以专门创建一个配置文件，用来检查文档中的字体大小、低分辨率图片、溢流文本、专色、图层覆盖等。这样，你就可以在不同的印前检查配置文件之间自由切换，或者同时禁用全部印前检查配置文件。

3.3　用好图层透明度

接下来，我们学习如何制作一个经典的杂志封面，封面上主体对象与杂志标题、文本重叠在一起。要做到这一点，需要用到 InDesign 中的图层覆盖技术。

3.3.1　查看 Photoshop 文档

① 启动 Photoshop，在 Lesson03\Imports 文件夹中打开 alpaca.psd 文件。

② 打开【图层】面板，其中共有两个图层，如图 3-20 所示。

· Background 图层。

· alpaca 图层：包含一只羊驼，背景透明。

图 3-20

3.3.2　置入 Photoshop 文档并改变图层的可见性

① 切换到 InDesign，在 Lesson03 文件夹中打开 L03-alpaca-cover-start.indd 文件。

图 3-21

② 在菜单栏中依次选择【文件】>【存储为】，把文件另存为 L03-alpaca-coverWorking.indd。

③ 在【图层】面板中可以看到，L03-alpaca-coverWorking.indd 文档中共有 3 个图层，分别是 text、logo、background 图层。

💡 注意　若【图层】面板未显示，请在菜单栏中依次选择【窗口】>【图层】，将其显示出来。

④ 选择 background 图层。

⑤ 在菜单栏中依次选择【文件】>【置入】。

⑥ 在【置入】对话框中，转到 Lesson03\Imports 文件夹，选择 alpaca.psd 文件。在对话框下部取消勾选【显示导入选项】选项。

⑦ 单击【打开】按钮，在当前文档中置入所选图像，如图 3-21 所示。

此时，羊驼图像将填充到 background 图层的图形框中。接下来，复制背景图像，置入 logo 图层中，并使其与 Logo 重叠在一起。最后，使用 InDesign 图层选项把羊驼的背景隐藏起来。

⑧ 在羊驼图像处于选中状态的情况下，如图 3-22（左）所示，按 Command+C/Ctrl+C 组合键复制它。

⑨ 在【图层】面板中，单击 logo 图层，将其选中，如图 3-22（右）所示。

图 3-22

⑩ 在菜单栏中依次选择【编辑】>【原位粘贴】，把羊驼图像的一个副本粘贴到 logo 图层。这个羊驼图像副本只盖住杂志的 Logo 文字，封面上的其他文字不受影响（因为其他文字放在另外一个图层上）。

⑪ 在羊驼图像副本处于选中状态的情况下，单击鼠标右键，在弹出菜单中选择【对象图层选项】。

⑫ 在【对象图层选项】对话框中，勾选【预览】选项，单击"背景"图层左侧的眼睛图标，将背景隐藏起来，如图 3-23 所示。

图 3-23

⑬ 单击【确定】按钮，关闭【对象图层选项】对话框。

至此，把两张羊驼图像重叠在一起，并在副本图像中隐藏了羊驼背景，使得羊驼的两只耳朵显示在 Logo 文字之上，从而让画面有了纵深感和立体感，如图 3-24 所示。这个效果虽然简单却很受欢迎。

图 3-24

3.4　Photoshop 图层复合

经过前面的学习，我们明白了，所谓"图层覆盖"是指在 InDesign 中对 Photoshop 文档中图层的可见性（显示或隐藏）进行人为控制。虽然图层覆盖功能提供了很大的创作自由，但我们总是渴望拥有更多的控制和创作自由。这个时候，Photoshop 图层复合就有了用武之地。

图层复合有何用

在 Photoshop 中，我们可以使用图层复合功能把 Photoshop 文档中的各个图层按不同方式组合在一起。图层复合功能远比图层可见性强大。在 InDesign 或 Illustrator 中置入 Photoshop 文档，或者在一个 Photoshop 文档中嵌入其他 Photoshop 文档时，你可以使用图层复合功能。

在以下情况中，图层复合是最佳解决方案。

· 在两版设计中，同一个图层位于画布的不同位置上，第一版设计中图层位于画布的左上角，第二版设计中图层位于画布的右下角，你希望把这个图层（包含不同位置）保存下来，但又不希望复制它。

· 你想尝试不同的图层样式，探索不同的风格。

· 当一个设计有多个版本且包含大量图层时，使用图层复合管理图层的可见性（显示或隐藏），可以很好地避免发生混乱和错误。

· 使用 Photoshop 嵌套文档时，你希望切换成另外一个嵌套的智能对象。

💡 注意　有关嵌套的更多内容，请阅读第 7 课"嵌套文档"。

3.5　创建与使用图层复合

下面我们学习如何在 Photoshop 中创建和保存图层复合，以及如何在 InDesign 中使用图层复合。

3.5.1 查看 Photoshop 文档

❶ 启动 Photoshop，在 Lesson03\Imports 文件夹中打开 donuts.psd 文件。

这个 Photoshop 文档相当复杂，其中包含很多个图层。我们会把这个文档用在 InDesign 中，设计多个版本的甜甜圈宣传海报，用于推销不同口味的甜甜圈。

在当前图层组合下，显示的是蓝莓味的甜甜圈，上面有彩色糖屑。通过组合不同图层，我们可以制作出巧克力味（带白色糖屑）、草莓味和苹果味的甜甜圈。在 Photoshop 中，使用图层复合就能轻松做到这些。

❷ 在菜单栏中依次选择【窗口】>【图层复合】，打开【图层复合】面板，如图 3-25 所示。

当前，【图层复合】面板中只显示一个名为【最后的文档状态】的图层复合。当用户不主动创建图层复合时，Photoshop 默认显示它。首先，我们制作一个苹果味的甜甜圈。

图 3-25

3.5.2 新建两个图层复合

❶ 在【图层】面板中，隐藏 blueberry 图层，显示 apple 图层。

❷ 在【图层复合】面板中，单击面板右下角的加号按钮，新建一个图层复合，如图 3-26 所示。

❸ 把新建的图层复合命名为 apple。

接下来，我们要设置新建的图层复合记录图层的哪些特征。

图层复合会记录文档中所有图层的状态，而不仅仅记录当前选中的图层。

图 3-26

❹ 在【新建图层复合】对话框中，勾选【可见性】和【外观（图层样式）】选项，取消勾选【位置】和【智能对象的图层复合选区】选项，如图 3-27 所示。

❺ 在【注释】区域中，输入"apple donut - colored sprinkles"。

❻ 单击【确定】按钮，保存图层复合。

❼ 在【图层】面板中，隐藏 apple 图层，显示出其下方的 strawberry 图层，如图 3-28 所示。

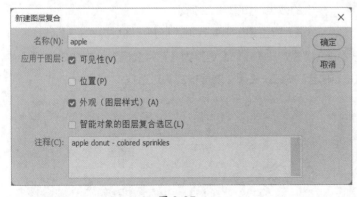

图 3-27   图 3-28

❽ 在【图层复合】面板中，单击加号按钮，再新建一个图层复合。

⑨ 把新建的图层复合命名为 strawberry。

⑩ 在【新建图层复合】对话框中，勾选【可见性】和【外观（图层样式）】选项，取消勾选
【位置】和【智能对象的图层复合选区】选项。在【注释】区域中，输入"strawberry donut-colored
sprinkles"，如图 3-29 所示。然后，单击【确定】按钮，保存图层复合，如图 3-30 所示。暂时不要
关闭文档。

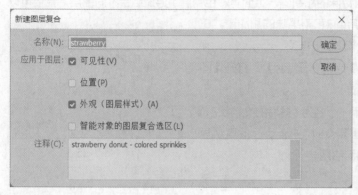

图 3-29

图 3-30

3.5.3　创建最后一个图层复合

图 3-31

❶ 在【图层】面板中，显示出 chocolate topping 图层。

❷ 显示出 brown bg 图层，改变背景。

❸ 隐藏 mixed sprinkles 图层，显示出 white sprinkles
图层，如图 3-31 所示。

请注意，棕色背景上甜甜圈的部分阴影看起来不太合
适。这是因为 strawberry 图层上的投影应用了【叠加】模
式，该混合模式在彩色背景上效果更好。为了解决这个问题，
我们需要更改应用在 strawberry 图层上的图层样式。

❹ 在【图层】面板中，strawberry 图层右侧有一个 fx
图标，单击图标右侧的箭头，显示出应用在 strawberry 图
层上的效果，如图 3-32 所示。

❺ 双击【投影】效果，打开【图层样式】对话框。

❻ 在【图层样式】对话框中，把【混合模式】从【叠加】更改为【正片叠底】，如图 3-33 所示，
使阴影与背景更好地融合在一起。单击【确定】按钮，关闭【图层样式】对话框。

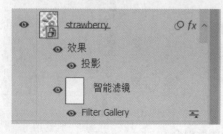

图 3-32

图 3-33

⑦ 在【图层复合】面板中，单击加号按钮，新建一个图层复合。

⑧ 把新建的图层复合命名为 chocolate。勾选【可见性】和【外观（图层样式）】选项，这样可保证 Photoshop 把对这两项的修改记录到图层复合中。取消勾选【位置】和【智能对象的图层复合选区】选项。

⑨ 在【注释】区域中，输入"chocolate donut - white sprinkles - brown background"，如图 3-34 所示，然后单击【确定】按钮，关闭【新建图层复合】对话框。

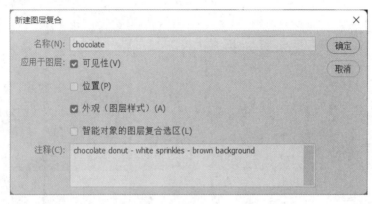

图 3-34

⑩ 在【图层复合】面板中，单击各图层复合名称左侧的方框（类似于图层左侧的眼睛图标），可在不同图层复合之间切换，即在不同合成画面之间切换。

⑪ 在菜单栏中依次选择【文件】>【存储为】，把文档另存为 donuts-layercomps.psd。

💡 注意　保存 Photoshop 文档时，不管当前哪个图层复合处于激活状态都没有影响。

保存后，不要关闭文件。

3.5.4　在 InDesign 中使用 Photoshop 图层复合

❶ 启动 InDesign，在 Lesson03 文件夹中打开 L03-poster-start.indd 文件。

❷ 在菜单栏中依次选择【文件】>【存储为】，把文件另存为 L03-posterWorking.indd。

❸ 使用【选择工具】▶ 选择灰色图形框。

❹ 在菜单栏中依次选择【文件】>【置入】。

❺ 在【置入】对话框中，找到前面保存的 donuts-layercomps.psd 文件，将其选中。

❻ 在对话框下部勾选【显示导入选项】选项。

❼ 单击【打开】按钮。

❽ 在【图像导入选项】对话框中，打开【图层】选项卡，如图 3-35 所示。

💡 注意　你看到的对话框可能和这里略微不一样，这取决于你保存 PSD 文件时哪个图层复合处于激活状态。

❾ 在【图层复合】下拉列表中选择 apple，如图 3-36 所示。此时，在 Photoshop 中输入的注释显示出来了，用来帮助我们辨认当前选择的是哪个版本。

❿ 单击【确定】按钮，置入 PSD 文件，如图 3-37 所示。

图 3-35

图 3-36

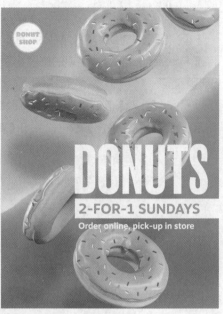

图 3-37

3.5.5 在 InDesign 中切换图层复合

图 3-38

接下来，我们再设计一版海报。

❶ 在 InDesign 的菜单栏中依次选择【窗口】>【页面】，打开【页面】面板。

❷ 单击第 1 页缩览图，将其选中，然后单击鼠标右键，在弹出菜单中选择【复制跨页】，创建一个副本，如图 3-38 所示。接着，我们将在第 2 页中设计另一版海报。

❸ 在【页面】面板中，双击第 2 页的缩览图，转到第 2 页。

❹ 选择甜甜圈图像，单击鼠标右键，在弹出菜单中选择【对象图层选项】，打开【对象图层选项】对话框。

❺ 在【图层复合】下拉列表中选择 chocolate，如图 3-39（左）所示，然后单击【确定】按钮，效果如图 3-39（右）所示。

图 3-39

3.5.6 在 Photoshop 中更新图层复合

下面学习如何在 Photoshop 中更新现有的图层复合。这里，我们把苹果味的甜甜圈改成蓝莓味的甜甜圈。

❶ 回到 Photoshop 中，打开 donuts-layercomps.psd 文档。

❷ 在【图层复合】面板中，显示 apple 图层复合，如图 3-40 所示。

❸ 在【图层】面板中，隐藏 apple 图层，显示出 blueberry 图层。

请注意，调整当前激活的图层复合，图层复合激活图标会跳至【最后的文档状态】处，因为当前图层复合已经与最初保存的图层复合不一样了。

图 3-40

❹ 在【图层复合】面板中，双击 apple 图层复合。

❺ 在【图层复合选项】对话框中，把图层复合名称修改为 blueberry。在【注释】区域中，把注释语句中的"apple"替换成"blueberry"，如图 3-41 所示。

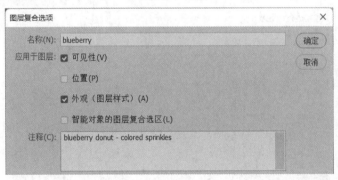

图 3-41

❻ 单击【确定】按钮，关闭【图层复合选项】对话框。

❼ 在【图层复合】面板中，单击面板底部的【更新图层复合】按钮，使用当前图层设置更新当前选中的图层复合，如图 3-42 所示。请注意，此时图层复合激活图标移动到了 blueberry 图层复合上。

❽ 保存当前文档。

❾ 回到 InDesign 中。

在把一个 PSD 文件置入 InDesign 后，更新该 PSD 文件中的图层复合，InDesign 文档可能也会更新，具体取决

图 3-42

于 InDesign 文档中哪个图层复合处于可见状态。

⑩ 在【链接】面板中，按住 Option 或 Alt 键单击【更新链接】按钮，更新所有置入图像的链接。

> 💡提示 你自己可以多练习一下，通过把不同甜甜圈和不同糖屑组合在一起，或者多增加几种口味，或者改变图层的位置，再创建几个图层复合，熟悉相关操作。

3.5.7 把图层复合转换成 Photoshop 文档

图 3-43

遇到满意的图层复合时，你可能希望把它导出去。在 Photoshop 中，你可以轻松地把一个图层复合作为一个独立的 Photoshop 文档导出。

❶ 回到 Photoshop 中，打开 donuts-layercomps.psd 文档。

❷ 在【图层复合】面板中，选择你希望导出的图层复合，如图 3-43 所示。

> 💡提示 按住 Shift 键，或者 Command/Ctrl 键单击，可同时选中多个图层复合。

❸ 在菜单栏中依次选择【文件】>【导出】>【图层复合导出到文件】。

❹ 在【将图层复合导出到文件】对话框中，勾选【仅限选中的图层复合】选项，如图 3-44 所示，这样不会导出所有图层复合，而只导出选中的图层复合。

图 3-44

❺ 在【目标】区域中选择一个存储文件夹，单击【运行】按钮。导出结果如图 3-45 所示。

名称	日期	类型	大小	柄
donuts-layercomps_0000_blueberry_blueberry donut - colored sprinkles.psd	2023/7/8 14:49	Adobe Photosh...	86,658 KB	
donuts-layercomps_0002_chocolate_chocolate donut - white sprinkles - brown background.psd	2023/7/8 14:49	Adobe Photosh...	86,594 KB	

图 3-45

3.6 把置入文档嵌入 InDesign 中

在 InDesign 中，我们也可以把置入的图像嵌入文档中，但一般不建议这样做，因为这会增加 InDesign 文档的大小，从而导致计算机运行速度变慢。但在下面的一些情况中，最好把置入文档嵌入 InDesign 中。

- 所置入的图像尺寸比较小。
- 认为没有必要保留指向原始文件的链接。嵌入置入的文档有助于简化 InDesign 文档，因为所有内容都被嵌入了。

> 💡提示　嵌入包含图层覆盖或图层复合的 Photoshop 文档时，InDesign 会使用指向该 PSD 文档的链接进行嵌入。

- 使用链接时，担心链接会断开，比如有人移动、重命名或删除了该链接所指的原始文档。

不过，需要注意的是，把一个 Photoshop 文档嵌入 InDesign 之中后，我们将无法在 InDesign 中访问该 Photoshop 文档中的图层。换言之，把一个 Photoshop 文档嵌入 InDesign 后，我们将无法在 InDesign 中应用图层覆盖或更改图层复合。

3.6.1 如何把链接改成嵌入

按照如下步骤，可以把置入的图像（链接方式）嵌入 InDesign 文档中。

① 在 InDesign 的菜单栏中依次选择【窗口】>【链接】，打开【链接】面板。

② 在【链接】面板中选择 donutshop-logo.ai 文件。

③ 打开面板菜单，选择【嵌入链接】，如图 3-46 所示。

> 💡注意　如果要嵌入的文件有多个实例，【嵌入链接】命令会变为【嵌入 [您的文件] 的所有实例】。

此时，donutshop-logo.ai 文件名称右侧出现一个【已嵌入】图标，如图 3-47 所示，表明该文件已经嵌入 InDesign 文档中。

图 3-46

图 3-47

3.6.2　如何取消嵌入

在 InDesign 中，我们可以轻松取消当前文档中的嵌入文件。取消嵌入后，InDesign 会提取嵌入的文件，将其存放在指定的位置，然后在 InDesign 文档中创建一个指向它的链接。

❶ 在【链接】面板中选择 donutshop-logo.ai 文件。

❷ 打开面板菜单选择【取消嵌入链接】。

> 💡 注意　如果要取消嵌入的文件有多个实例，【取消嵌入链接】命令会显示为【取消嵌入 [文件名] 的所有实例】。

此时，InDesign 会询问你是否要链接到原始文件（或者链接到 InDesign 从文档中提取的文件），如图 3-48 所示。

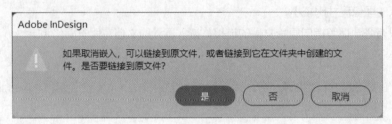

图 3-48

❸ 这里，我们假设没有原始文件。单击【否】按钮。

❹ 在弹出的【选择文件夹】对话框中选择一个文件夹，用来存放提取的文件，然后单击【选择文件夹】按钮。

3.7　项目打包

在 InDesign 中置入一个 Photoshop 文档后，InDesign 文档和这个 Photoshop 文档之间就有了一种关系。当整个项目最终制作完成时，建议你把所有链接的资源打包在一起，用作备份或存档。打包项目时，会有如下几个操作发生。

· 创建一个文件夹，包含如下内容：

　· 项目文件副本；

　· 一个子文件夹，其中包含所有链接文件的副本；

　· 一个子文件夹，其中包含文档中用到的所有本地字体的副本 。

> 💡 注意　出于法律原因，Adobe Fonts 同步字体不会被包含在打包文件中，只有本地字体才会被包含进去。

· 项目副本（InDesign 文档）中的所有链接会重新链接到所链接文件的副本（这些副本位于一个新创建的子文件夹中）上。

> 💡 注意　以嵌入方式置入的图像本身就包含在 InDesign 文档中，因此不会出现在单独的文件夹中。只有以链接方式置入的图像才会被包含在单独的文件夹中。

打包的主要好处是，可以给你的项目创建一个独立版本，它拥有一套独立的链接文件。这样，当链接文件发生了一些你不希望的变动时，它们不会影响到主项目。

① 在 Lesson03 文件夹中打开 L03-poster-end.indd 文件。

② 在菜单栏中依次选择【文件】>【打包】。

③ 弹出"打包"对话框，在其中浏览打包内容，如图 3-49 所示。

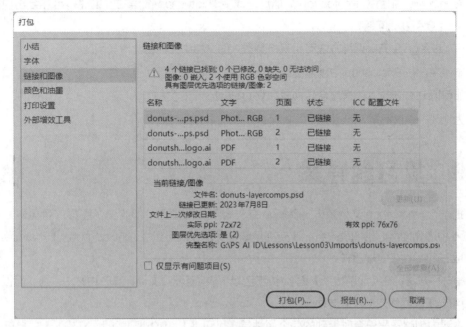

图 3-49

④ 单击【打包】按钮。此时，弹出一个对话框，询问你继续操作前是否保存出版物，单击【存储】按钮。

⑤ 在【打包出版物】对话框中，输入文件夹名称 poster-package。

⑥ 在对话框下部勾选相应选项，如图 3-50 所示，即可为文档创建 PDF 或 IDML 版本。IDML 文档可提供给旧版 InDesign 的用户。

⑦ 单击【打包】按钮，把项目打包。

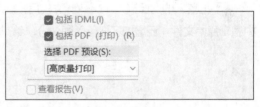

图 3-50

3.8 复习题

① 在 InDesign 中置入 Photoshop 文档后，改变 Photoshop 图层的可见性有可能会出现什么问题？哪些行为会引发此问题？

② 在 InDesign 中有哪两种方法可用来检测置入的文档中是否包含覆盖图层？

③ 本课中，在 Photoshop 中创建图层复合时，我们使用了哪两个属性？

④ 如何把 Photoshop 图层复合转换成独立的 Photoshop 文档？

⑤ 为什么不建议把置入的图像嵌入 InDesign 文档中？

3.9 复习题答案

① 把一个 Photoshop 文档置入 InDesign 并进行了图层覆盖（即改变了图层的可见性）后，在 Photoshop 中增删图层、给图层改名、改变图层堆叠顺序以及可见性，InDesign 会把 Photoshop 文档中所有图层的可见性恢复成原样。

② 第一种方法：在【印前检查】面板中自定义印前检查配置文件。第二种方法：在【面板选项】对话框中勾选【图层优先选项】选项。

③ 本课中创建图层复合时用到的两个属性是【可见性】和【外观（图层样式）】。此外，你还可以勾选【智能对象的图层复合选区】选项。

④ 在菜单栏中依次选择【文件】>【导出】>【图层复合导出到文件】。

⑤ 把置入的图像嵌入 InDesign 文档后，InDesign 文档会变大，而且无法在 Photoshop 或 Illustrator 中编辑原始文件，还增加了把置入图像分享给其他人的难度。

第 4 课

在 InDesign 中使用 Photoshop 路径、Alpha 通道和灰度图像

课程概览

本课讲解如下内容：

- Photoshop 中路径和剪贴路径的区别；
- 在 InDesign 中使用 Photoshop 路径；
- 在 Photoshop 中选择路径和 Alpha 通道时要区别不同情况；
- 在 InDesign 中使用 Photoshop 的 Alpha 通道；
- 在 Photoshop 中制作灰度图像，然后在 InDesign 中重新着色。

学习本课大约需要 **45** 分钟

　　本课讲解如何在 InDesign 中给灰度图像上色，以及如何使用剪贴路径和 Alpha 通道分离图像的某些部分。

4.1 Photoshop 路径

在第 2 课 "用 Photoshop 内容丰富 Illustrator 作品" 中提到过，Photoshop 支持在文档中使用和创建矢量路径。Photoshop 路径用途多样，不同设计中，使用 Photoshop 路径的目的不一样。在 Photoshop 中配合使用【钢笔工具】💿 和各种形状工具（如【矩形工具】▣、【椭圆工具】⬭ ）可以轻松绘制各种各样的路径。路径常见用途有：

- 绘制路径创建或简单或复杂的几何图形（形状图层）；
- 使用路径工具描摹图像，方便把描摹路径转换成选区；
- 把路径转换成矢量蒙版。

上面这些用途中，路径不管是用来定义选区还是用来创建圆形或蒙版，都是设计中一个不可或缺的辅助工具。在 Photoshop 的【路径】面板中，我们可以轻松地把一个路径保存在 Photoshop 文档中，以备日后使用，如图 4-1 所示。把包含路径的 Photoshop 文档置入 InDesign 后，InDesign 也可以使用这些路径。

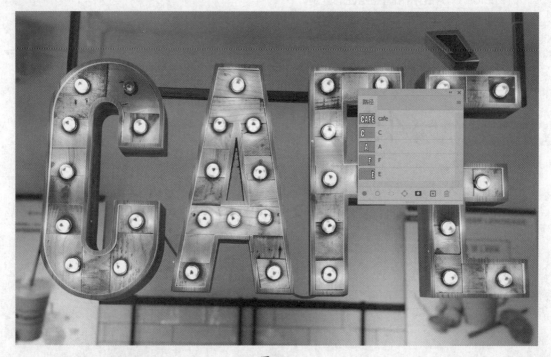

图 4-1

路径与剪贴路径

在 Photoshop 中使用路径创建工具时，会创建一条工作路径，你可以把它保存在【路径】面板中。我们常常会在【路径】面板中把一条路径保存起来，作为备份供日后使用，比如把路径加载为选区、复制到其他文档，或者用作矢量图形。

当然，还可以把文档中的某条路径当作剪贴路径使用。剪贴路径的好处是，当把整个 Photoshop 文档置入其他应用程序（如 InDesign 或 Illustrator）中时，可为 Photoshop 文档定义透明区域和不透明区域。但是，请注意，剪贴路径只允许定义一个区域是可见的，还是不可见的，不允许定义半透明区域。剪贴路径最常见的用法是把对象与背景分离，比如制作产品目录时，就用到了大量剪贴路径。

4.2 在 InDesign 中使用剪贴路径

下面先在 Photoshop 中把路径转换成剪贴路径，然后把包含剪贴路径的 Photoshop 文档置入 InDesign 中，并使用文档中的剪贴路径。

图 4-2

4.2.1 把路径转换成剪贴路径

① 启动 Photoshop，在菜单栏中依次选择【Photoshop】>【首选项】>【常规】（macOS），或者选择【编辑】>【首选项】>【常规】（Windows），打开【首选项】对话框。

② 单击【在退出时重置首选项】按钮，单击【确定】按钮。然后重启 Photoshop。

③ 在 Lesson04\Imports 文件夹中打开 plane.psd 文件，如图 4-2 所示。

图 4-3

④ 在菜单栏中依次选择【窗口】>【路径】，打开【路径】面板。【路径】面板中已经保存了一条路径——Path 1，如图 4-3 所示。

⑤ 在【路径】面板中单击"Path 1"。此时，路径在画面中高亮显示（蓝色），如图 4-4 所示。

在画面中，蓝色路径把飞机与背景分离开，也就是说，我们可以通过路径把飞机从背景中分离出来。

⑥ 在 Path 1 路径处于选中状态的情况下，在【路径】面板菜单中选择【剪贴路径】。

⑦ 在弹出的【剪贴路径】对话框的【路径】下拉列表中，Path 1 已经处于选中状态，如图 4-5 所示。

图 4-4

图 4-5

⑧【展平度】控制着用多少直线来绘制路径曲线。这个选项不输入值，这样打印图像时，打印机会使用默认值。单击【确定】按钮，关闭【剪贴路径】对话框，把 Path 1 路径转换成剪贴路径。

图 4-6

此时，路径名称以粗体显示，表示它是一条剪贴路径。

> **注意** 每个 Photoshop 文档只能有一条剪贴路径。在已经有一条剪贴路径的情况下，当你尝试把另一条路径转换成剪贴路径时，新的剪贴路径会替换原来的剪贴路径。

⑨ 双击路径名称，将其重命名为 plane-clipping，如图 4-6 所示。

⑩ 在菜单栏中依次选择【文件】>【存储为】，把文件另存为 plane-clipping.psd。

4.2.2 在 InDesign 中应用剪贴路径

接下来，我们学习如何在 InDesign 中使用 Photoshop 文档中的剪贴路径。在这个过程中，我们还会调整文字环绕选项，让文字环绕剪贴图像。

❶ 启动 InDesign，按 Control+Option+Shift+Command（macOS）或 Alt+Shift+Ctrl（Windows）组合键，恢复默认首选项。

❷ 在出现的询问对话框中单击【是】按钮，删除 InDesign 首选项文件。

❸ 在 Lesson04 文件夹中打开 L04-magazine-start.indd 文件。

❹ 把文件另存为 L04-magazineWorking.indd。

❺ 不要选择任何内容，在菜单栏中依次选择【文件】>【置入】。

❻ 在【置入】对话框中，找到 plane-clipping.psd 文件，将其选中。

❼ 在对话框下部勾选【显示导入选项】选项，然后单击【打开】按钮，如图 4-7 所示。

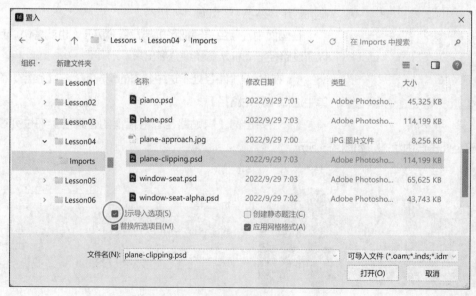

图 4-7

此时，弹出【图像导入选项】对话框。图像预览区域中只显示飞机这一个对象，即飞机已经从背景中分离出来了。这是因为剪贴路径是默认应用的。

⑧ 在【图像导入选项】对话框中，打开【图像】选项卡，如图 4-8 所示。

图 4-8

💡注意　如果你看到的预览画面和这里不一样，可以试一试 plane-clipping.psd 文件副本，它位于 Lesson04\Imports 文件夹中。

⑨ 尝试取消勾选【应用 Photoshop 剪切路径】选项，观察预览图有什么变化。此时，在预览区域中整个图像（飞机和背景）都显示出来了。置入文档时，若不应用剪贴路径，就会出现这种情况。

⑩ 勾选【应用 Photoshop 剪切路径】选项，单击【确定】按钮，置入图像。

⑪ 从第 2 页上方的中间位置向右下方拖动，确定图像的大小（先不要释放鼠标左键）。拖动鼠标时，鼠标指针的右下角会显示出图像的比例。当显示比例为 12% 时，释放鼠标左键，置入图像，如图 4-9 所示。

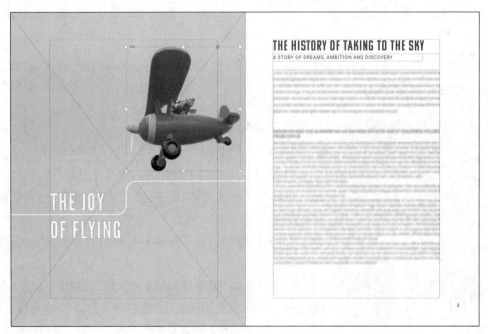

图 4-9

> **注意** 即使 Photoshop 文档很大，在 InDesign 中的图像控制框也不可能比剪贴路径大。看起来好像只在 InDesign 中置入了飞机这一个对象，但其实图像的其他部分都还在，只是隐藏起来了。

⓬ 使用【选择工具】▶ 把图像移动到对页（第 3 页）的右边缘，使机翼与文章简介重叠。

此时，飞机出现在文字下方（即被文字遮住），这是因为文字图层位于飞机图层的上方，如图 4-10 所示。

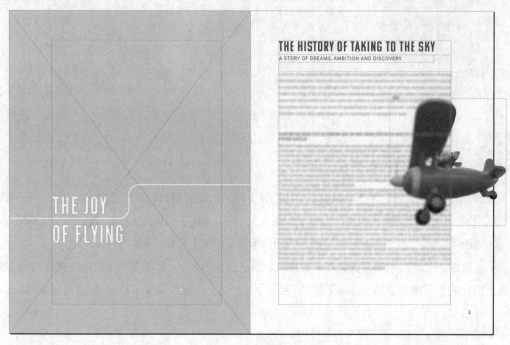

图 4-10

不要关闭文档。

4.2.3 文字沿图像环绕

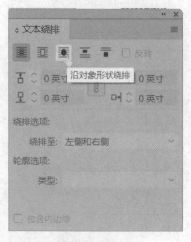

图 4-11

❶ 选择置入的飞机图像。

❷ 在菜单栏中依次选择【窗口】>【文本绕排】。

❸ 在【文本绕排】面板中，单击【沿对象形状绕排】按钮，如图 4-11 所示。单击该按钮后，文本会沿着一个非矩形形状排列。

❹ 在【绕排选项】区域的【绕排至】下拉列表中选择【最大区域】。

❺ 在【轮廓选项】区域的【类型】下拉列表中选择【与剪切路径相同】，即可把嵌入的剪贴路径当作文字绕排边界框使用。

❻ 把【上位移】设置为 0.25 英寸，如图 4-12 所示。

❼ 保存当前文档。

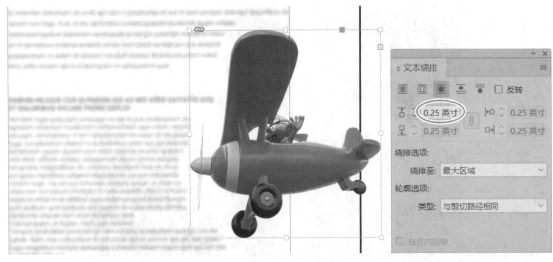

图 4-12

4.3 使用 Photoshop 的 Alpha 通道

在 Photoshop 中，Alpha 通道相当于路径的像素版，为我们提供了一种控制透明度的方法。Alpha 通道和路径的主要区别是，Alpha 通道总是栅格化的（即与分辨率有关），拥有 256 级透明度，但是路径是矢量，不支持半透明。关于 Alpha 通道有如下几点需要注意。

- 复杂选区可以存储为 Alpha 通道。
- 一些滤镜可以使用 Alpha 通道来指定其所影响的图像区域。
- Alpha 通道可以在 InDesign 以及 PowerPoint、Word 等应用程序中重复使用。

4.3.1 查看与保存 Alpha 通道

① 在 Photoshop 中，从 Lesson04\Imports 文件夹中打开 window-seat.psd 文件。

② 打开【图层】面板，其中包含如下图层：

- 一个图层组，里面有一个图像图层、两个调整图层，以及一个停用的图层蒙版；
- 最下方是一个渐变填充图层。

③ 按住 Shift 键单击图层组上的图层蒙版缩览图，启用它，如图 4-13（左）所示。图层蒙版把原始图像飞机舷窗中的内容隐藏起来了，或者说让飞机舷窗中的内容变透明了，这样下方渐变填充图层中的内容就会显示出来，如图 4-13（右）所示。

④ 在【图层】面板中，按住 Option 或 Alt 键单击图层蒙版缩览图，如图 4-14（左）所示。此时，Photoshop 只在画面中显示蒙版，如图 4-14（右）所示。

> 💡注意　图层蒙版本身包含柔化边缘效果，这会在图像边缘产生半透明像素。使用矢量蒙版或剪贴路径无法获得这种效果。

⑤ 按住 Option 或 Alt 键，再次单击图层蒙版缩览图，画面将正常显示。

图 4-13

图 4-14

⑥ 在【图层】面板中，单击渐变填充图层下方的空白区域，取消选择图层组，如图 4-15 所示。此时，【图层】面板中不再有图层处于高亮显示状态。

⑦ 按住 Command 或 Ctrl 键，单击图层蒙版缩览图，将其作为选区载入。

⑧ 在菜单栏中依次选择【窗口】>【通道】，打开【通道】面板。

⑨ 在【通道】面板底部单击【将选区存储为通道】按钮，如图 4-16 所示，把当前选区保存成一个 Alpha 通道。

💡注意 在【通道】面板中，普通通道（比如红绿蓝三色通道）是图像的基本颜色通道，而 Alpha 通道本质上是一个蒙版，它代表的不是某种颜色，而是某个选区。

图 4-15

⑩ 在菜单栏中依次选择【选择】>【取消选择】。

⑪ 双击 Alpha 通道名称，将其重命名为 window，按 Return/Enter 键，使修改生效，如图 4-17 所示。

⑫ 单击【RGB】通道，显示正常的颜色通道。

图 4-16

图 4-17

⑬ 在菜单栏中依次选择【文件】>【存储为】，把文件另存为 window-seat-alpha.psd。

💡注意 在 InDesign 中置入 PSD 文档时，PSD 文档的可见性取决于其 Alpha 通道，图层蒙版处于何种状态（启用或停用）无关紧要。

4.3.2 在 InDesign 中应用 Alpha 通道

❶ 回到 InDesign 中，当前 L04-magazineWorking.indd 文件仍处于打开状态。

❷ 文档左侧页面中有一个灰色图形框。

❸ 选择灰色图形框，在菜单栏中依次选择【文件】>【置入】。

❹ 在【置入】对话框中，转到 Lesson04\Imports 文件夹，选择 plane-approach.jpg 文件，取消勾选【显示导入选项】选项。

❺ 单击【打开】按钮，把所选图像置入左侧页面中，如图 4-18 所示。

图 4-18

6 在【工具】面板中选择【矩形框架工具】▨。

7 在左侧页面中，从页面左上角向右下角拖出一个覆盖整个页面的矩形图形框。

8 在菜单栏中依次选择【文件】>【置入】。

9 在【置入】对话框中，转到保存 window-seat-alpha.psd 文档的文件夹。

10 选择 window-seat-alpha.psd，勾选【显示导入选项】选项，单击【打开】按钮。

11 在【图像导入选项】对话框中，打开【图像】选项卡。

默认情况下，【Alpha 通道】下拉列表中选择的是【透明度】，并非我们创建的 Alpha 通道。

12 在【Alpha 通道】下拉列表中选择 window（前面保存的 Alpha 通道），如图 4-19 所示。

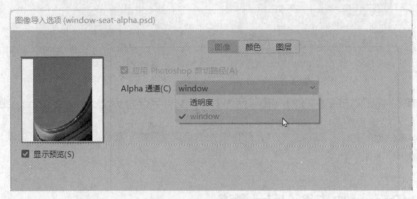

图 4-19

13 单击【确定】按钮。

14 在当前选区处于激活状态的情况下，在菜单栏中依次选择【对象】>【适合】>【按比例填充框架】。保持图形框处于选中状态，如图 4-20 所示。

图 4-20

15 在菜单栏中依次选择【窗口】>【图层】，打开【图层】面板。

16 单击 text elements 图层左侧的锁头图标，将图层解锁。

⑰ 在【图层】面板中，向上拖动 images 图层右侧的蓝色小方块，如图 4-21 所示，将其拖动至 text elements 图层上。这样，置入的图像就移动到了其他所有内容之上。

图 4-21

使用 Alpha 通道后，舷窗底部会出现模糊边缘。而普通路径无法做到这一点，在同样的情况下，使用普通路径只会出现硬边缘。

⑱ 保存当前文档。

4.3.3　为何不用图层覆盖

上面这个例子让我们想起了第 3 课 "在 InDesign 中使用包含图层的 Photoshop 文件" 中的例子，那里我们使用图层覆盖把一张带透明背景的羊驼放到了页面中。两个例子用到了不同的方法，它们之间有什么不同呢？

· 在 InDesign 中，Alpha 通道可以充当蒙版使用。当把一个 Photoshop 文档置入 InDesign 中时，InDesign 会把 Alpha 通道应用到整个 Photoshop 文档上，而在 InDesign 中单个图层覆盖只显示或隐藏特定的图层。也就是说，图层覆盖操控的是置入 InDesign 中的 Photoshop 文档的内容，而 Alpha 通道是一种应用于整个文档的 "包装器"，根本不操控图层内容。

· 在 InDesign 中，Alpha 通道不像图层覆盖那么 "敏感"。换言之，当 Photoshop 文档中的图层发生变化时，Alpha 通道并不会随之改变。因此，在某些情况下，使用 Alpha 通道更安全。也就是说，你可以在原始 Photoshop 文档中随意添加、更改或删除图层。

> 💡 注意　在 InDesign 中，根据需要可以配合使用 Alpha 通道和图层覆盖。

> 💡 提示　在 InDesign 中，你可以使用 Alpha 通道来模拟剪贴路径。具体操作为：选择置入的 Photoshop 文档，在菜单栏中依次选择【对象】>【剪切路径】>【选项】。在弹出的【剪切路径】对话框的【类型】下拉列表中选择【Alpha 通道】。

4.4　使用多条 Photoshop 路径

下面我们演示如何在 InDesign 中使用同一个 Photoshop 文档中的多条路径。

4.4.1　查看所有文档

❶ 在 Photoshop 中，从 Lesson04\Imports 文件夹中打开 A.psd 文件。

❷ 打开【路径】面板，其中包含一条名为 Path 1 的路径。选择 Path 1 路径，其在画面中高亮显示，如图 4-22 所示。Path 1 路径描摹的是字母 A 的轮廓。

❸ 关闭 A.psd 文件。

❹ 在 Photoshop 中，从 Lesson04\Imports 文件夹中打开 B.psd 文件。

❺ 打开【路径】面板，其中包含一条名为 Path 1 的路径，它是字母 B 的轮廓，如图 4-23 所示。

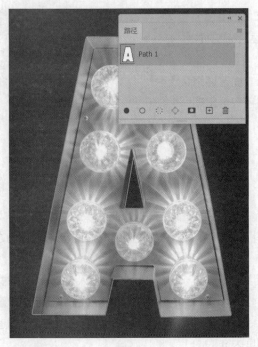

图 4-22   图 4-23

⑥ 关闭 B.psd 文件。

⑦ 在 Photoshop 中，从 Lesson04\Imports 文件夹中打开 cafe-letters.psd 文件。

⑧ 打开【路径】面板，其中包含 5 条路径，一条路径是所有字母的轮廓，其他 4 条路径是各个字母的轮廓，如图 4-24 所示。

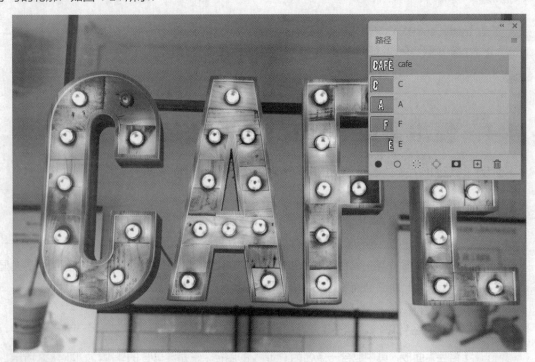

图 4-24

⑨ 关闭 cafe-letters.psd 文件。

4.4.2　在 InDesign 中使用路径

① 在 InDesign 中，从 Lesson04 文件夹中打开 L04-flyer-start.indd 文件。

② 把文件另存为 L04-flyerWorking.indd。

③ 在菜单栏中依次选择【文件】>【置入】。

④ 在【置入】对话框中，转到 Lesson04\Imports 文件夹，选择 A.psd 文件。在对话框下部取消勾选【显示导入选项】选项。

这里，我们不勾选【显示导入选项】选项的原因是置入期间无法将普通路径当作剪贴路径使用。

⑤ 单击【打开】按钮，在当前文档中置入所选文件。

⑥ 在 InDesign 中，按住鼠标左键拖动，当显示比例为 5% 时，释放鼠标左键，置入图像，如图 4-25 所示。

⑦ 在图像处于选中状态时，在菜单栏中依次选择【对象】>【剪切路径】>【选项】。

⑧ 在【剪切路径】对话框的【类型】下拉列表中选择【Photoshop 路径】。此时，InDesign 会选择文档中的唯一一条路径——Path 1，如图 4-26 所示。

图 4-25

图 4-26

⑨ 单击【确定】按钮。

与剪贴路径不同（应用剪贴路径时图形框的大小会产生变化），应用 Path 1 路径之后，图形框的大小保持不变。但是，由于 Path 1 路径小于图形框，会导致剪贴图像和图形框之间出现空隙。接下来，我们调整图形框，使其与剪贴图像（字母 A）紧贴在一起。

⑩ 使用【选择工具】▶ 单击置入的图像，将其选中。

⑪ 在菜单栏中依次选择【对象】>【剪切路径】>【将剪切路径转换为框架】，使 Photoshop 路径充当图形框，如图 4-27 所示。

这样，选择和操纵字母 A 会更方便，因为它与图形框之间的空隙没有了。此外，在 InDesign 中使用坐标设置图像的绝对大小和位置也变得更容易了。

⑫ 使用同样的方法把字母 B（B.psd）置入文档中，将其放在字母 A 的右侧，如图 4-28 所示。

不要关闭文件。

图 4-27

图 4-28

4.4.3 在 InDesign 中切换路径

❶ 使用同样的方法置入 cafe-letters.psd 文件。

❷ 在菜单栏中依次选择【对象】>【剪切路径】>【选项】。

❸ 在【剪切路径】对话框的【类型】下拉列表中选择【Photoshop 路径】。然后,在【路径】下拉列表中选择 C,如图 4-29 所示,单击【确定】按钮。

❹ 在菜单栏中依次选择【对象】>【剪切路径】>【将剪切路径转换为框架】。

❺ 把字母 C 移动到字母 B 的右侧,让它们紧贴在一起,拼出 ABC,如图 4-30 所示。

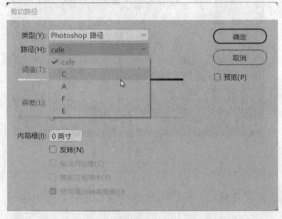

图 4-29

图 4-30

> 💡 提示   前面我们讲过文字绕排,那里也可以使用这种方法。

完成操作后,不要关闭文件。

接下来学习如何在 InDesign 中切换不同路径(Photoshop 文档中包含多条路径)。

❻ 使用【选择工具】 ▶ 选择字母 C。

❼ 在菜单栏中依次选择【对象】>【剪切路径】>【选项】。

❽ 在【剪切路径】对话框的【类型】下拉列表中选择【Photoshop 路径】,在【路径】下拉列表中选择 F。

❾ 单击【确定】按钮，关闭【剪切路径】对话框。

新选择的路径与更新后的图形框形状不匹配，图形框的形状仍然是字母 C，如图 4-31 所示。不要取消选择图像。

❿ 在菜单栏中依次选择【对象】>【剪切路径】>【将剪切路径转换为框架】，更新图形框。

⓫ 不要取消选择，使用【选择工具】选择各个字母，重新排列一下，变成 FAB，如图 4-32 所示。

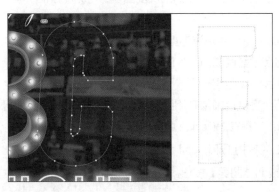
图 4-31

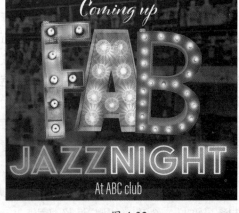
图 4-32

> 💡提示　借助这种方法，我们能够以不同方式使用同一个图像，无须先从图像中提取不同部分，分别存储成不同的 Photoshop 文档。此外，原始 Photoshop 文档中的调整图层都会应用到所有字母上，并且会同步更新所有版本。

⓬ 保存当前文档。

4.5　在 InDesign 中给灰度图像上色

接下来，我们学习如何在 Photoshop 中制作灰度图像，以及如何在 InDesign 中给灰度图像上色。在为特定打印输出（比如使用潘通色制作单色或双色图像）准备图像时，我们经常使用这种上色技术。在 InDesign 中，我们可以应用 CMYK、RGB 或者专色来实现更多富有创意的效果。

这些难道不可以用 Photoshop 来实现吗？简单地说，可以。但这么回答也不全对。对于传统打印输出中使用的文档，我们必须完全控制文档的颜色。下面这些情况中，我们最好也用上色技术。

· 希望在 InDesign 中把同一套颜色同时应用到文本、本地矢量图形，以及置入的图像上。

· 打算用专色创建单色或双色图像。

· 需要在 InDesign 中使用同样的颜色给不同图像上色，或者希望同时给多张图像更换选定的颜色。

虽然 Photoshop 拥有强大的上色工具和调整图层，但它并不总是能提供最流畅的体验。

· 有些人不会在 Photoshop 中使用专色通道。

· 把包含专色通道的 Photoshop 文档置入 InDesign 中时，会产生重复的专色色板，容易造成混乱。

· Photoshop 和 InDesign（以及 Illustrator）使用不同的颜色管理设置，当在多个应用程序中使用相同的潘通色时，可能会出现颜色不一致的问题。当然，我们可以通过配置应用程序来解决这个问题，但是这需要你具备专业的色彩管理知识。

- 同时修改多张重新着色的图像会非常耗时。

4.5.1　在 Photoshop 中制作灰度图像

学习上色技术，首先要有灰度图像，而制作灰度图像是一个非常简单的事情。在 Photoshop 中，只要把图像模式更改为灰度，彩色图像即可变成灰度图像。在 Photoshop 的菜单栏中选择【图像】>【模式】>【灰度】，的确可以把一张图像变成灰度图像，但这样得到的灰度图像的对比度往往不够。上色之前，灰度图像必须有足够的对比度才行。

在 InDesign 中应用色板给灰度图像上色时，InDesign 会用你选的颜色（或色调）替换所有黑色（或灰色）。也就是说，一个像素若是 100% 黑色，则会被替换成 100% 的目标颜色（所选颜色）。一个像素若是 30% 黑色，则会被替换成 30% 的目标颜色，以此类推。

创建灰度图像时，必须确保从黑色到白色的整个亮度范围都有用到，原因有二：一是确保我们可以使用所选颜色的整个色调范围来给灰度图像上色；二是在 InDesign 中无法调整图像的对比度。

① 在 Photoshop 中，从 Lesson04\Imports 文件夹中打开 heraklion.psd 文件。

② 在【图层】面板底部单击【创建新的填充或调整图层】按钮，如图 4-33 所示，在弹出菜单中选择【黑白】，创建一个黑白调整图层。

③ 在【属性】面板中查看都有哪些可用选项。

> 💡提示　若当前【属性】面板未显示，请在菜单栏中依次选择【窗口】>【属性】，将其显示出来。

接下来，我们提高灰度图像的对比度。

④ 在【属性】面板中，单击手形图标，如图 4-34 所示。

图 4-33

图 4-34

⑤ 在天空区域中，按住鼠标左键并向右拖动，使其完全变成白色。

此时，在【属性】面板中，【蓝色】值变成 300。

⑥ 在墙上往左拖动，让所有墙面变暗。此时，【黄色】滑块往左移动。

⑦ 在屋顶瓦片上往左拖动，在【属性】面板中，【红色】滑块跟着向左移动，如图 4-35 所示。

图 4-35

> 💡 注意　调整时，切勿过度。若图像是 JPEG 格式，过度调整会导致压缩伪影出现。

⑧ 在菜单栏中依次选择【窗口】>【信息】，打开【信息】面板。

⑨ 在【信息】面板中单击吸管图标，在弹出菜单中选择【灰度】，如图 4-36 所示，切换到灰度颜色空间。

⑩ 在图像上移动吸管，同时观察【信息】面板中的灰度值，如图 4-37 所示。在【信息】面板中，可以看到当前位置的灰度百分比。通过这个百分比，我们可以预测在 InDesign 中上色时该位置的颜色强度大约是多少。

【信息】面板中显示了两个灰度值。左侧灰度值代表原始的灰度百分比，右侧灰度值代表更新后的灰度百分比。

当前，我们有了一张对比度较高的图像。接下来，我们该把图像变成灰度图像。

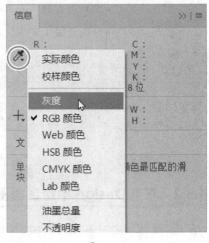

图 4-36

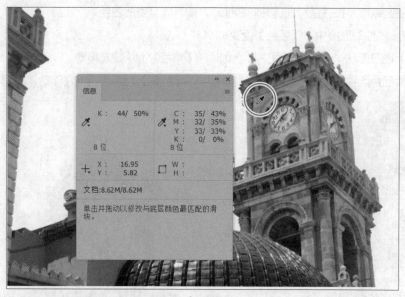

图 4-37

⑪ 在菜单栏中依次选择【图像】>【模式】>【灰度】。

前面创建的黑白调整图层只能存在于 RGB 颜色模式下，而无法存在于灰度颜色模式下。因此，转换过程中，我们需要把图层合并起来。

⑫ 在弹出的消息对话框中，单击【拼合】按钮，如图 4-38 所示，把黑白调整图层与背景合并。

⑬ 此时，Photoshop 会问你是否要扔掉颜色信息，单击【扔掉】按钮，如图 4-39 所示。

图 4-38

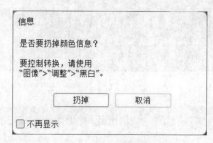

图 4-39

⑭ 在菜单栏中依次选择【文件】>【存储为】，把文件另存为 heraklion-blackwhite.psd。

> 💡注意　在 Photoshop 中把图像转换成灰度颜色模式并保存成 JPEG 或 TIFF 格式，然后置入 InDesign 中，也可以使用同样的方法给灰度图像上色。但相比之下，PSD 格式用起来更灵活，而且添加图层和创建灰度图像不会导致文件变大，这是 TIFF 等格式所不具备的。不过，需要注意的是，在 InDesign 中我们无法给带有透明度的 PSD 文件上色。

⑮ 关闭文件。

4.5.2　在 InDesign 中给封面图像上色

❶ 在 InDesign 中，从 Lesson04 文件夹中打开 L04-book-cover-start.indd 文件。

❷ 在菜单栏中依次选择【窗口】>【颜色】>【色板】，打开【色板】面板。

③ 【色板】面板中有 9 种色板，5 种是文件自带的，另外 4 种是默认的，如图 4-40 所示。5 种文件自带色板如下。

図 4-40

- 两种潘通色，名称后缀分别为 7451、561。
- 两种潘通色 561，色调分别为 20% 与 30%。
- 一种渐变色，从"潘通 561 20%"过渡到"潘通 7451"。

④ 使用【选择工具】▶ 选择书籍封面上的主图形框。

⑤ 在菜单栏中依次选择【文件】>【置入】。

⑥ 在【置入】对话框中，转到保存 heraklion-blackwhite.psd 文件的文件夹。选择 heraklion-blackwhite.psd 文件，取消选择【显示导入选项】选项。

⑦ 单击【打开】按钮，置入所选图像，保持图像处于选中状态。

⑧ 在【色板】面板中单击【PANTONE 561 C 20%】色板，将其用作图像填充。此时，InDesign 会根据每个白色像素中的白色含量按比例进行上色，如图 4-41 所示。

⑨ 使用【选择工具】▶ 双击置入的图像，选择其中包含的建筑物。

此时，一个棕色选择框出现在建筑物周围。

在【色板】面板中，黑色色板将高亮显示，黑色是应用在建筑物上的颜色。这是因为在 Photoshop 中我们把图像转换成了灰度图像。

⑩ 在【色板】面板中单击【PANTONE 561 C】色板，将其应用到建筑物上，如图 4-42 所示。

図 4-41

図 4-42

上色的第一步是把某种颜色填充到置入的灰度图像上。InDesign 会根据每个像素中的白色含量按比例给它们上色。这样，在最终得到的图像中，高光、中间调区域被填充上了某种颜色，而阴影区域则被填充成了黑色。第二步是再选择一种颜色，给图像中的阴影区域上色。

4.5.3　在 InDesign 中给封底图像上色

① 在 Photoshop 中，从 Lesson04\Imports 文件夹中打开 heraklion-alt.psd 文件。

② 使用前面介绍的方法把图像转换成灰度图像，并提高画面整体的对比度，如图 4-43 所示。

③ 把图像另存为 heraklion-alt-blackwhite.psd。

④ 回到 InDesign 中。

⑤ 在封底页面中选择蓝色背景框。

⑥ 在菜单栏中依次选择【文件】>【置入】。

⑦ 在【置入】对话框中，转到保存 heraklion-alt-blackwhite.psd 文件的文件夹。选择 heraklion-alt-blackwhite.psd 文件，单击【打开】按钮。

⑧ 在菜单栏中依次选择【对象】>【适合】>【按比例填充框架】，使图像填满整个框架。

⑨ 取消选择图像。

⑩ 在【色板】面板中单击【PANTONE 7451 C】色板。

⑪ 打开面板菜单，从中选择【新建色调色板】，如图 4-44 所示。

图 4-43   图 4-44

⑫ 在【新建色调色板】对话框中，把【色调】值修改成 30%，单击【确定】按钮，将其添加到【色调】面板中。

⑬ 把刚刚创建的色板（PANTONE 7451 C 30%）应用到封底图像的背景上。

⑭ 双击封底图像，选择图像有内容的部分，向其应用【PANTONE 7451 C】色板，如图 4-45 所示。

图 4-45

不要关闭文件。

4.5.4　更新现有颜色

在 InDesign 中使用颜色色板和色调色板的主要好处是，只要在一处修改色板颜色值，其他所有使用该颜色的地方会自动更新。

❶ 继续使用 4.5.3 小节的文件，确保画面中未选择任何内容。在【色板】面板中双击【PANTONE 561 C】色板，打开【色板选项】对话框。

❷ 在【颜色模式】下拉列表中选择【PANTONE+ Solid Coated】。

在文本框中输入编号"683"，找到【PANTONE 683 C】，它是一种紫色，如图 4-46 所示。单击【确定】按钮，关闭【色板选项】对话框。

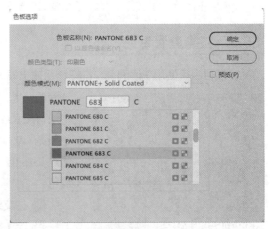

图 4-46

此时，所有基于 PANTONE 561 C 的色板都会更新成新颜色（PANTONE 683 C），如图 4-47 所示，包括色调色板和渐变色板。

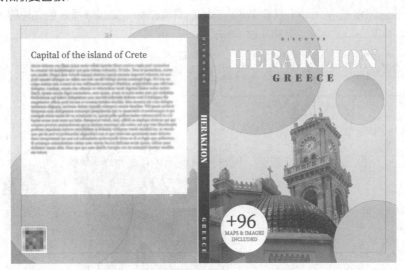

图 4-47

❸ 使用【选择工具】▶ 选择封底上的二维码。此时，【属性】面板顶部显示的是【对象（QR码）】。

❹ 在菜单栏中依次选择【对象】>【编辑QR 码】。

❺ 在【编辑 QR 码】对话框中打开【颜色】选项卡。

❻ 选择新创建的【PANTONE 683 C】色板，如图 4-48 所示。

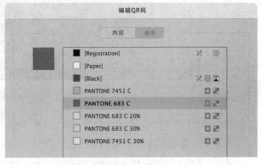

图 4-48

⑦ 单击【确定】按钮，关闭【编辑 QR 码】对话框。

4.5.5 精确查看专色

本项目中只使用了潘通色，在把作品输出成 PDF 格式（供打印使用）之前，一定要查看使用了哪

些专色，越准确越好。为了正确输出双色调，我们需要确保项目中没有用套版色。要做到这一点，我们需要激活 InDesign 中的【分色预览】功能。在【分色预览】面板中，我们可以检查各个分色，通过 LAB 值（更真实地呈现文档中的颜色）查看文档中使用的潘通色。

① 在菜单栏中依次选择【窗口】>【输出】>【分色预览】。

② 在【分色预览】面板的【视图】下拉列表中选择【分色】，如图 4-49 所示。

③ 增加【分色预览】面板的高度，显示出所有分色。单击【CMYK】左侧的眼睛图标，隐藏除潘通色之外的所有分色，如图 4-50 所示。

图 4-49

图 4-50

④ 检查完所有分色后，关闭【分色预览】面板。

⑤ 保存当前文档，然后关闭它。

⑥ （可选）按照第 3 课中介绍的步骤，将项目打包。

4.6　复习题

❶ 把一个 Photoshop 文档置入 InDesign 时，路径与剪贴路径有什么不同？

❷ 在 InDesign 中，向一个置入的 Photoshop 文档应用剪贴路径和应用 Alpha 通道有什么区别？

❸ 在 Photoshop 中使用哪种颜色模式可以把图像转换成灰度图像，以便在 InDesign 中上色？

❹ 对于印刷项目，相比 Photoshop，使用 InDesign 给灰度图像上色有什么好处？

❺ 在 InDesign 中，如何检查文档的分色？

4.7　复习题答案

❶ 默认情况下，把一个 Photoshop 文档置入 InDesign 时，剪贴路径会自动应用到导入的文档上，而且所得到的图形框的尺寸与剪贴路径是一致的。此外，每个 Photoshop 文档只能有一个剪贴路径。在 Photoshop 文档中，你可以保存多条路径（数量无限制），然后把 Photoshop 文档置入 InDesign，选择要把哪条路径应用到文档上。在 InDesign 中，使用【将剪切路径转换为框架】命令可让图形框紧紧包裹住路径。

❷ 剪贴路径只能显示或隐藏图像的一部分，而且会产生硬边缘。把一张图像置入 InDesign 中，隐藏或显示图像时，Alpha 通道支持 256 级透明度，能够产生平滑的边缘和半透明区域。

❸ 在 Photoshop 中，我们可以使用灰度颜色模式把一张图像转换成灰度图像（PSD、TIFF、JPEG），然后将灰度图像置入 InDesign 中重新上色。

❹ 在 InDesign 中给灰度图像上色后，只需修改一个色板，文档中所有使用该色板的地方都会自动更新，既省时又省力。而在 Photoshop 中给多个图像上色时，需要逐个进行。

❺ 在 InDesign 的菜单栏中依次选择【窗口】>【输出】>【分色预览】，打开【分色预览】面板，在其中可以查看文档中的分色。

在 InDesign 中使用 Illustrator 图稿

本课讲解如下内容:

- 正确设置 Illustrator 图层和画板,以便置入 InDesign 中;

- 在 InDesign 中覆盖 Illustrator 图层;

- 把一个或多个 Illustrator 画板置入 InDesign 中;

- 在 Illustrator 中选择图层还是画板;

- 把 Illustrator 图稿粘贴到 InDesign 中。

学习本课大约需要 **75** 分钟

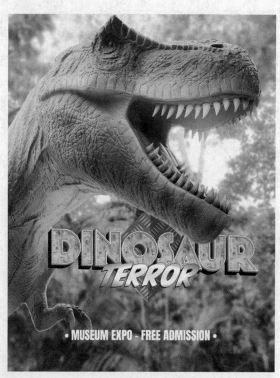

　　本课讲解如何把矢量图形从 Illustrator 导入 InDesign 中,同时,介绍置入与粘贴两种方式的区别,讲解画板和图层的重要作用。

5.1 在 InDesign 中使用 Illustrator 图层

本课学习如何在 InDesign 中覆盖 Illustrator 图层。具体操作步骤与第 3 课 "在 InDesign 中使用包含图层的 Photoshop 文件" 中讲解的类似，但也有一些重要区别。

5.1.1 准备工作

首先，浏览最终合成画面，以及要用的文件。

① 启动 Photoshop，在菜单栏中依次选择【Photoshop】>【首选项】>【常规】（macOS），或者选择【编辑】>【首选项】>【常规】（Windows），打开【首选项】对话框。

② 单击【在退出时重置首选项】按钮，单击【确定】按钮。然后重启 Photoshop。

③ 在 Photoshop 中，从 Lesson05\Imports 文件夹中打开 trex.psd 文件。

在【图层】面板中，霸王龙的所有图层在一个编组中，它们与 Background 图层是分开的，如图 5-1 所示。

④ 关闭文件，不进行保存。

⑤ 启动 Illustrator，在菜单栏中依次选择【Illustrator】>【首选项】>【常规】（macOS），或者选择【编辑】>【首选项】>【常规】（Windows），打开【首选项】对话框。

⑥ 单击【重置首选项】按钮，然后单击【确定】按钮，关闭【首选项】对话框。

⑦ 在确认对话框中，单击【立即重新启动】按钮，重新启动 Illustrator。

⑧ 在 Illustrator 中，从 Lesson05\Imports 文件夹中打开 dino-logo.ai 文件。

⑨ 在菜单栏中依次选择【窗口】>【图层】，打开【图层】面板，如图 5-2 所示。

【图层】面板中有一个隐藏图层，我们将在 InDesign 中使用它显示另外一个版本的 Logo。

⑩ 关闭文件，不进行保存。

图 5-1

⑪ 启动 InDesign，按 Control+Option+Shift+Command（macOS）或 Alt+Shift+Ctrl（Windows）组合键，恢复默认首选项。

⑫ 在出现的询问对话框中单击【是】按钮，删除 InDesign 首选项文件。

⑬ 在 Lesson05 文件夹中打开 L05-dino-ad-end.indd 文件，如图 5-3 所示。

整个恐龙广告画面主要使用 trex.psd 与 dino-logo.ai 两个文件设计而成。而且，恐龙局部与 Logo 有重叠。为了实现这一点，我们将使用图层覆盖技术（该技术在第 3 课中设计羊驼杂志封面时使用过）。

⑭ 关闭 L05-dino-ad-end.indd 文件，不进行保存。

图 5-2

图 5-3

5.1.2 关于 Illustrator 图层

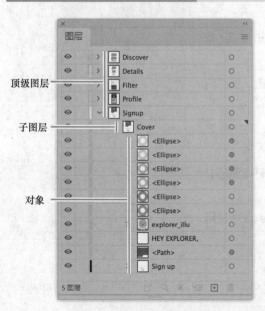

图 5-4

Illustrator 图层与 Photoshop 图层的工作方式不一样。简而言之，Illustrator 图层有层次结构，分成 3 级，如图 5-4 所示。只有理解了这一点，才能在 InDesign 中正确覆盖 Illustrator 图层。

· 顶级图层：在图层层次结构中，顶级图层指的是位于顶层的图层。每个图层都有自己的颜色和名称，以及其他选项，可双击图层缩览图，在【图层选项】对话框中设置它们。你可以把 Illustrator 中的图层看作文件夹，其中包含着你在 Illustrator 中绘制的元素，甚至可以包含其他图层（子图层），每个图层上存放着不同的对象。

· 子图层：在 Illustrator 中，把一个图层拖动到一个现有图层上，它就会变成子图层。借助子图层，我们可以把一组对象放入另一组对象中。请不要将其与【对象】菜单中的【编组】命令混淆。子图层就是一个普通图层，只是层级往下降了一级，双击它，打开【图层选项】对话框，在其中可以设置它的一些选项。

· 对象：在 Illustrator 中绘制或置入的每个对象都会在一个图层或子图层中列出来，并且使用 <> 括起来。

在 InDesign 中覆盖 Illustrator 图层时，请确保你希望显示或隐藏的所有对象都位于顶级图层（非子图层）上，在 InDesign 中无法覆盖子图层。

5.1.3 置入 Illustrator Logo

① 回到 InDesign，在 Lesson05 文件夹中打开 L05-dino-ad-start.indd 文件。

② 在菜单栏中依次选择【文件】>【存储为】，把文件另存为 L05-dino-adWorking.indd。

③ 在菜单栏中依次选择【窗口】>【图层】，打开【图层】面板，如图 5-5 所示。

图 5-5

【图层】面板中有两个图层，其中一个处于锁定状态。锁定的图层（dino in foreground）中有一个图形框，其中存放着 trex.psd 图像。仔细观察，可以发现画面上有一条红色斜线穿过。底部图层（everything else）中同样有 trex.psd 图像，还有一个文本框。

④ 在【图层】面板中选中底部图层（everything else）。

⑤ 在菜单栏中依次选择【文件】>【置入】。

⑥ 在【置入】对话框中，转到 Lesson05\Imports 文件夹，选择 dino-logo.ai 文件，如图 5-6 所示。

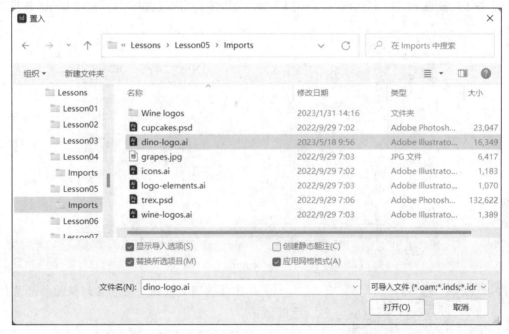

图 5-6

⑦ 在对话框下部勾选【显示导入选项】选项，单击【打开】按钮。

⑧ 在【置入 PDF】对话框中，勾选【透明背景】选项。这样，白色背景就会消失。

⑨ 单击【确定】按钮，置入 Logo 文字。

⑩ 按住鼠标左键并向右下方拖动，当 Logo 文字的尺寸变为原始尺寸的 140% 时，释放鼠标左键，完成置入，如图 5-7 所示。

此时，Logo 文字有一部分被霸王龙头部区域（位于 dino in foreground 图层中）盖住。接下来，需要隐藏所置入的 PSD 文件的背景，这样就只有霸王龙与 Logo 文字发生重叠。这样一来，画面就有了一种纵深感，前面在第 3 课中制作羊驼杂志封面时就这样做过。

⓫ 在【图层】面板中，单击 dino in foreground 图层左侧的锁头图标，如图 5-8 所示，将其解锁。

图 5-7   图 5-8

⓬ 使用【选择工具】▶ 选择重叠的霸王龙图像，然后在菜单栏中依次选择【对象】>【对象图层选项】。

⓭ 在【对象图层选项】对话框中，单击【背景】图层左侧的眼睛图标，如图 5-9 所示，将其隐藏起来。

图 5-9

图 5-10

⓮ 单击【确定】按钮，关闭【对象图层选项】对话框。

⓯ 在【图层】面板中，再次锁定 dino in foreground 图层。

把背景隐藏后，画面中只有霸王龙与 Logo 文字发生重叠。

⓰ 使用【选择工具】▶ 把 Logo 文字移动到页面中间，如图 5-10 所示。

5.1.4 覆盖 Illustrator 图层

在 InDesign 中覆盖图层后，Logo 文字的外观会发生变化。

❶ 使用【选择工具】▶ 选择 Logo 文字。

② 在菜单栏中依次选择【对象】>【对象图层选项】。

③ 在【对象图层选项】对话框中，隐藏 diamond 图层，显示 circle 图层，如图 5-11 所示。

图 5-11

④ 单击【确定】按钮，关闭【对象图层选项】对话框。

这样，我们就有了另外一种风格的 Logo 文字，如图 5-12 所示，但其实我们并没有修改原始 Illustrator 文档。

图 5-12

5.1.5　修改【文件处理】首选项

在第 3 课中我们了解到，在把 Illustrator 文件置入 InDesign 后，如果修改其中的图层结构，则 InDesign 很可能会撤销图层覆盖。修改原始文件时，一定要避免执行如下操作：

· 添加或删除图层；

· 重命名图层；

· 改变现有图层的顺序；

· 改变现有图层的可见性。

InDesign 的【首选项】对话框中有一个选项（【更新或重新链接时隐藏新图层】）可以在一定程度上规避 InDesign 的这种默认行为（即把置入文件中图层的可见性恢复原样）。具体操作如下。

在 macOS 环境下：在菜单栏中依次选择【InDesign】>【首选项】>【文件处理】。

在 Windows 环境下：在菜单栏中依次选择【编辑】>【首选项】>【文件处理】。

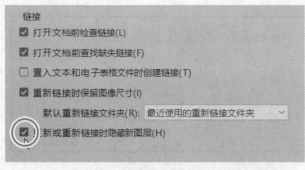

图 5-13

在【文件处理】列表右侧的【链接】区域中，勾选【更新或重新链接时隐藏新图层】选项，如图 5-13 所示，单击【确定】按钮，关闭【首选项】对话框。

勾选【更新或重新链接时隐藏新图层】选项后，向一个已经置入 InDesign 并被覆盖过的 Illustrator 文档中添加新图层时，不会出现被覆盖图层遭到重置的错误。但需要注意的是，上面这些操作仍然会触发 InDesign 重置图层的行为。

> ♀ 注意 这个首选项对置入的 Illustrator、InDesign 和 PDF 文档起作用。但对置入的 Photoshop 文档不起作用。

5.1.6 再做一版

前面我们修改了 InDesign 的首选项，接下来我们向 Illustrator Logo 中添加一个图层，查看 InDesign 是否会重置图层可见性。

❶ 在 Illustrator 中，从 Lesson05\Imports 文件夹中打开 dino-logo.ai 文件。

❷ 在菜单栏中依次选择【窗口】>【图层】，打开【图层】面板。

❸ 在【图层】面板中，把 terror 图层拖到面板底部的【创建新图层】按钮上，如图 5-14 所示，将其复制。

❹ 单击 terror 图层左侧的眼睛图标，将其隐藏。

❺ 双击新创建的图层的名称，将其重命名为 island，按 Return/Enter 键，使修改生效。

❻ 选择【选择工具】▶ 在文档中双击 TERROR 文本，进入编辑状态。然后，把单词 TERROR 替换成 ISLAND，如图 5-15 所示。

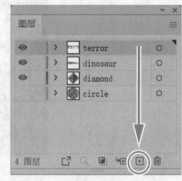

图 5-14

图 5-15

⑦ 保存文档，然后关闭它。

⑧ 回到 InDesign 中。

⑨ 在【链接】面板中选择 dino-logo.ai 文件，单击【更新链接】按钮，更新 Illustrator 文件，如图 5-16 所示。

当前 Logo 中仍显示出 TERROR，与重新链接前一样，这是因为虽然 InDesign 支持图层覆盖，但我们并没有让它隐藏 terror 图层。

> 💡 提示　此外，还有一种快速更新图形的方法，即在页面中使用【选择工具】▶ 单击图形框上的三角形图标，如图 5-17 所示。

图 5-16

图 5-17

⑩ 在页面中选择 Logo。

⑪ 单击鼠标右键，从弹出菜单中选择【对象图层选项】。

⑫ 在【对象图层选项】对话框中，新创建的 island 图层已经显示在【显示图层】区域中，但处于隐藏状态。显示 island 图层，隐藏 terror 图层，如图 5-18 所示。

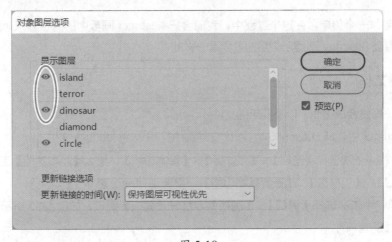

图 5-18

⑬ 单击【确定】按钮，关闭【对象图层选项】对话框。最终画面如图 5-19 所示。

⑭ 保存当前项目，关闭项目文件。

图 5-19

一般情况下，当在 Illustrator 中向 Logo（该 Logo 已经置入 InDesign 中）添加新图层时，InDe-sign 会报错，告知我们如果更新文件，所有被覆盖的图层会被重置为默认状态。但是，当在【首选项】对话框的【文件处理】列表右侧的【链接】区域中勾选【更新或重新链接时隐藏新图层】选项后，就不会出现上述情况。另外还要注意，虽然 island 图层在原始 Illustrator 文件中是可见的，但它在【对象图层选项】对话框中却是隐藏的。

💡 提示　要了解如何在 InDesign 中使用【链接】面板或者创建印前检查配置文件来检测有无图层覆盖，请阅读第 3 课中的相关内容。

5.2　在 InDesign 中使用 Illustrator 画板

💡 注意　本书假设你的 InDesign 和 Illustrator 用的都是默认设置。如果你不知道如何恢复这些软件的默认设置，请阅读第 2 课中 "在 Illustrator 中链接 Photoshop 文档" 一节的内容。

下面我们制作一个传单，在这个过程中，我们会把 Illustrator 画板中的内容置入 InDesign 中，最终效果与通过覆盖 Illustrator 图层所得到的效果是一样的。

5.2.1　准备工作

首先，浏览最终合成画面，以及要用的文件。

① 在 Illustrator 中，从 Lesson05\Imports 文件夹中打开 wine-logos.ai 文件。

② 在菜单栏中依次选择【窗口】>【工作区】>【基本功能】，进入【基本功能】工作区。然后，依次选择【窗口】>【工作区】>【重置基本功能】，重置 Illustrator 基本工作区。

③ 在菜单栏中依次选择【窗口】>【画板】，打开【画板】面板，如图 5-20 所示。请注意，所有画板的名称都是唯一的。

这个 Illustrator 文档中包含同一个 Logo 的 5 个版本，它们分别在不同的画板上。把这个文档置入 InDesign 时，你可以根据具体情况选择要使用的 Logo 版本。

④ 在 Lesson05\Imports 文件夹中打开 icons.ai 文档。

这个文档中有 4 个画板，如图 5-21 所示，画板中饮料瓶和刀叉图标黑白颜色各一套。

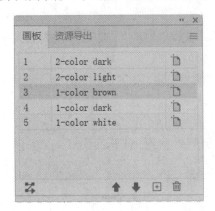

图 5-20   图 5-21

⑤ 关闭文件。

⑥ 在 InDesign 中，从 Lesson05 文件夹中打开 L05-wine-food-end.indd 文档。

⑦ 在菜单栏中依次选择【窗口】>【工作区】>【基本功能】，进入【基本功能】工作区。然后，再在菜单栏中依次选择【窗口】>【工作区】>【重置"基本功能"】，重置基本工作区。

该文档中使用了 wine-logos.ai 文件中的某一版 Logo 图标，以及 icons.ai 文件中的白色图标，如图 5-22 所示。

图 5-22

⑧ 关闭文件。

5.2.2 在 InDesign 中置入画板

第 1 课中讲过，把一个 Illustrator 文档置入 InDesign 中时，置入的是该 Illustrator 文档的 PDF 版本。因此，在 InDesign 中置入一个 Illustrator 文件时，勾选【显示导入选项】选项后，单击"打开"

按钮，弹出的是【置入 PDF】对话框。而且，【置入 PDF】对话框中的选项大都与 PDF 有关，其中与 Illustrator 文件密切相关的选项如下。

- 页面：使用【页面】区域中的选项，指定希望把 AI 文件中的哪个（或哪些）画板置入 InDesign 文档中，如图 5-23 所示。
- 裁切到：在【裁切到】下拉列表中可选择 PDF 定界框设置，如图 5-24 所示。

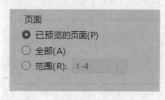

图 5-23　　　　　　　　　　　　　　　　图 5-24

这是文件中专门针对打印所保留的预定义区域。例如，【出血】指 PDF 出血框，它定义整个页面区域，包括出血区域。如果你熟悉打印和印前选项，相信你会明白这些选项的含义和作用。

在 InDesign 中置入 Illustrator 文档时，设置【裁切到】选项的简单介绍如下：选择【定界框（仅限可见图层）】，置入可见（或所有）图层中的对象；选择【裁切】，置入整个画板；选择【出血】，置入整个画板，包括文档出血区域。其他几个【裁切到】选项在置入 Illustrator 文档时不会起作用，因为它们所指代的区域无法在 Illustrator 中设置。

了解了这些知识后，接下来，我们一起学习如何在 InDesign 中置入或更新画板。

❶ 在 InDesign 中，从 Lesson05 文件夹中打开 L05-wine-food-start.indd 文档。

❷ 在菜单栏中依次选择【文件】>【存储为】，把文件另存为 L05-wine-foodWorking.indd。

❸ 在菜单栏中依次选择【窗口】>【图层】，打开【图层】面板。

❹ 单击 logo and icons 图层（红色），将其选中。

接下来，我们要把公司 Logo 放到传单上，Logo 有 5 种不同的版本可供选择。首先，我们选择棕色版本，查看它是否与我们的设计相匹配。

❺ 在菜单栏中依次选择【文件】>【置入】，在【置入】对话框中，转到 Lesson05\Imports 文件夹，选择 wine-logos.ai 文件，如图 5-25 所示。

图 5-25

⑥ 在对话框下部勾选【显示导入选项】选项，然后单击【打开】按钮。

⑦ 在【置入 PDF】对话框的预览区域下，单击导航箭头（右箭头），转到第 3 页，其中包含的是棕色 Logo，如图 5-26 所示。

⑧ 勾选【显示预览】（位于【页面总数】下方）和【透明背景】选项。

由于只需要置入公司 Logo（不包含画板），所以【裁切到】选项保持默认设置（【定界框（仅限可见图层）】）即可。

⑨ 单击【确定】按钮。

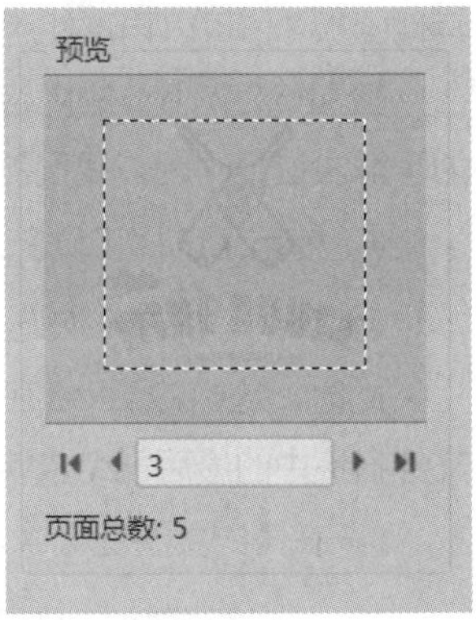

⑩ 在页面中，按住鼠标左键，从左上方往右下方拖动，当 Logo 尺寸为原始尺寸的 50% 左右（拖动过程中，鼠标指针的右下角会显示图像的比例）时，释放鼠标左键，把棕色的公司 Logo 置入页面中。

⑪ 使用【选择工具】 ▶ 把公司 Logo 移动到白色竖线的右侧，并使其左侧与单词 PAIRING 左侧对齐，如图 5-27 所示。然后取消选择 Logo。

图 5-26

图 5-27

5.2.3　切换到不同画板

遗憾的是，InDesign 没有提供相应的菜单、面板或其他选项来帮助我们导入 Illustrator 文件时切换不同画板。切换不同画板唯一可用的方法是，再次打开【置入 PDF】对话框，使用导航箭头重新选择其他画板。你可以再次使用【置入】命令来打开【置入 PDF】对话框，也可以使用【链接】面板打开它。

接着 5.2.2 小节的内容继续执行相应操作，需要注意的是，棕色 Logo 在深色背景下不太清晰。为了解决这个问题，我们需要把棕色 Logo 替换成白色 Logo。

❶ 使用【选择工具】 ▶ 选择置入的 Logo。

❷ 在菜单栏中依次选择【窗口】>【链接】，打开【链接】面板。

此时，选中的 Logo 在【链接】面板中会高亮显示，其名称是 wine-logos.ai:3，如图 5-28 所示。文件名称中的最后一个数字代表的是当前画板的编号。但是，画板名称是不可能显示出来的。

❸ 在【链接】面板中，单击【重新链接】按钮（锁链图标），如图 5-29 所示。

图 5-28

图 5-29

❹ 在【重新链接】对话框中，转到 Lesson05\Imports 文件夹，选择 wine-logos.ai 文件。在对话框下部勾选【显示导入选项】选项。

> 💡 注意　若无【显示导入选项】选项，请单击【选项】按钮。

❺ 单击【打开】按钮。

❻ 在【置入 PDF】对话框中，选择 AI 文件中的最后一个画板，如图 5-30 所示，单击【确定】按钮，把棕色 Logo 替换成白色 Logo。

❼ 取消选择 Logo，不要关闭文件。

图 5-30

5.2.4　同时置入多个画板

下面我们在 InDesign 文档中同时置入多个画板，它们来自另一个 Illustrator 文档。

❶ 在 InDesign 的菜单栏中依次选择【文件】>【置入】。

❷ 在【置入】对话框中，从 Lesson05\Imports 文件夹中选择 icons.ai 文件。

❸ 在对话框下部勾选【显示导入选项】选项，然后单击【打开】按钮。

❹ 在【置入 PDF】对话框中，多次单击导航箭头，切换到不同的画板。

icons.ai 文件中共有两个白色图标和两个黑色图标。这里，我们使用两个白色图标，它们分别在第一个和第二个画板中。

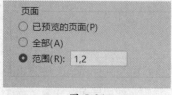

图 5-31

❺ 在【页面】区域中选择【范围】，输入"1,2"，如图 5-31 所示。其他选项保持默认设置不变。

❻ 单击【确定】按钮。

❼ 在 InDesign 文档中，按住鼠标左键向右下方拖动，置入第一个图标（瓶子图标），如图 5-32 所示。请注意，第一个图标的

高度不要超过单词 WINE 的高度。

⑧ 使用同样的方法置入第二个图标（刀叉图标），其大小与第一个图标差不多。

⑨ 把瓶子图标放在单词 WINE 左侧，将刀叉图标放在单词 FOOD 左侧，如图 5-33 所示。

图 5-32

图 5-33

⑩ 同时选择两个图标，在【属性】面板中单击【水平居中对齐】按钮，使它们沿水平方向居中对齐。

⑪ 在【链接】面板中，可以看到两个图标出现在同一个文件下，但它们的缩览图和画板编号都不一样，如图 5-34 所示。

> 💡注意 打包一个 InDesign 文档时，若这个文档用到的 Illustrator 文件中包含多个画板，则整个 Illustrator 文件（不仅是置入的画板）都会被打包进去。

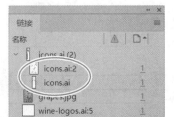
图 5-34

⑫ 保存文档，然后关闭它。

5.2.5　把画板转换成文件

在某些情况下，我们不需要在一个 Illustrator 文件中创建多个画板，而是需要将各个画板分别保存到不同的 Illustrator 文件中。例如，你有一个文件，里面有 15 个图标，这些图标分别位于不同的画板上。客户要求你把各个图标分别输出成独立的 Illustrator 文件并提交给他们，以便进行处理或分发。

针对这种情况，Illustrator 专门提供了把画板拆分成单个 Illustrator 文件的功能。具体操作如下。

❶ 在 Illustrator 中，从 Lesson05\Imports 文件夹中打开 wine-logos.ai 文件。

❷ 在菜单栏中依次选择【文件】>【存储为】。

❸ 在【存储为】对话框中，转入"桌面"，新建一个名为 Wine logos 的文件夹。

❹ 在【保存类型】下拉列表中选择【Adobe Illustrator（*.AI）】，单击【保存】按钮。

❺ 在【Illustrator 选项】对话框中，勾选【将每个画板存储为单独的文件】选项，如图 5-35 所示。

❻ 单击【确定】按钮。

Illustrator 把各个画板分别导出为单独的 AI 文件。每个 AI 文件名由两部分组成，前一部分是原始文件名称，后一部分是画板名称，如图 5-36 所示。

❼ 关闭文件。

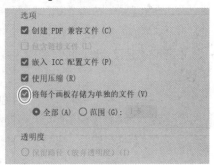
图 5-35

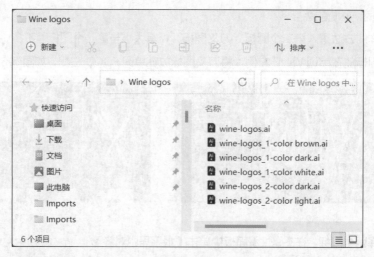

图 5-36

5.3 是使用图层覆盖还是置入画板

前面我们学习了如何在 InDesign 中覆盖 Illustrator 图层和置入 Illustrator 画板，接下来我们来了解这两种方法各有什么利弊。

这两种方法并不是水火不容的，两者之间不是互相排斥的关系。也就是说，在某些情况下你可以任选一种或将它们结合起来使用。换言之，在 InDesign 中执行置入操作时，你可以从多个 Illustrator 画板（这些画板本身包含由多个图层组成的图稿）中选择一个，也可以选择在 InDesign 中覆盖图层。

举个例子，假设当前你正使用 Illustrator 给一个国际客户绘制世界地图。你的 Illustrator 文件相当复杂，其中包含许多路径、地图图标，甚至还有置入的 Photoshop 文件。你的这个 Illustrator 设计文件会被送到印前部门，他们会把你的文件作为宣传海报的一部分置入 InDesign 中。整个宣传活动是国际性的，所以在你的 Illustrator 文件中，有一个画板展现的是北美大陆，另一个画板展现的是欧洲大陆。

由于你选择在同一个 Illustrator 文件中创建两个画板，所以可以做到如下这些：

- 在两个画板之间同步符号、色板、图形样式、文本样式和效果；
- 在两个画板之间共用相同的图层结构；
- 把两个设计放在一起，比较它们的视觉风格是否一致；
- 自始至终，在两个设计之间保持同步；
- 只需要向印前部门提交一个文件。

由于你构建了合适的图层结构，并且使用了独立画板（非独立文件），所以印前部门可以做到如下这些：

- 指定要把哪个画板置入 InDesign（或用于创建 Web 图形的 Photoshop）中；
- 在 InDesign 中覆盖图层，以显示或隐藏地图图标等细节元素；
- 项目制作完毕后，把整个项目打包。

5.3.1 弄清下面几个问题

是覆盖图层还是置入画板？在这两者之间做选择有时并不容易，要根据具体情况来决定。弄清楚下面几个问题，有助于你做出正确的选择。

5.3.1.1 设计稿的更新频率

前面说过，在 InDesign 中覆盖图层是存在一定风险的。换言之，在 Illustrator 中频繁修改设计稿会大大增加 InDesign 图层重置的风险。因此，当你需要频繁修改设计稿时，建议你不要使用图层覆盖方法，相比之下，置入画板是一种更稳妥的办法。但如果需要改动的地方较少，次数也不多，那么选择任意一种方法均可。

5.3.1.2 需要给设计命名用以区分吗

置入画板的一个缺点是，在把画板置入 InDesign 之前无法看到画板的名称；而在 InDesign 中覆盖图层时是可以看到图层名称的。如果从视觉上很难区分一个 Illustrator 文件中的不同画板，那么在 InDesign 中执行置入操作时，最好选用图层覆盖方法。比如，你在 Illustrator 中给一个 Logo 做了两版设计，一个是 Pantone 版，另一个是 CMYK 版，它们分别放在不同的画板上。使用置入画板的方法把 Logo 置入 InDesign 时，你可能无法把 Pantone 版和 CMYK 版区分开；但如果把两版设计放在不同的图层上，使用图层覆盖方法置入 InDesign 时，借助图层名称能很好地把两个版本区分开。

5.3.1.3 需要把文件链接至 Photoshop 吗

在 Illustrator 与 Photoshop 的协作流程中，我们可以轻松地把一个 Illustrator 文件以链接方式置入 Photoshop 中，相关内容将在第 6 课中详细讲解。在这个过程中，Photoshop 会询问你想要置入哪一个画板（前提是 AI 文件中有多个画板）。也就是说，你可以自由地指定要向 Photoshop 中导入（与链接）哪个设计，或设计的哪个版本。但是，一旦把一个 Illustrator 文件置入 Photoshop 中，就没有办法在 Photoshop 中覆盖图层了，因此必须把一个设计的不同版本放在不同画板上，以便在 Photoshop 中使用它们。如果同一个 Illustrator 文件还要在 InDesign 等软件中使用，那最好选择一个通用解决方案，并确保该方案适用于工作流程中的所有软件。

5.3.1.4 是否需要把每个版本保存成独立文件

前面提到过，在 Illustrator 中，我们可以轻松地把各个画板保存成独立的 Illustrator 文件，这大大增强了画板的灵活性。但如果你给某个项目设计了多个版本，并且把这些版本都放在 Illustrator 的不同图层上，当有人向你索要这些版本时，你就需要手动把它们逐个复制到多个文件中并保存成独立文件。鉴于此，有些人强烈反对把不同设计版本放在不同图层上。

5.3.2 结论

上面几个问题仅供参考，但无论选择哪一种方法，都没有绝对的对错之分。不过，弄清楚上面几个问题有助于我们做出最适合当前情况的选择，而且能够节省不少时间。

5.4 把 Illustrator 图稿粘贴到 InDesign 中

> **注意** 本书假设你的 InDesign 和 Illustrator 用的都是默认设置。如果你不知道如何恢复默认设置，请阅读本课开头"准备工作"中的内容。

接下来，我们学习如何把图稿从 Illustrator 复制到 InDesign 中。使用计算机时，复制、粘贴操作较为常用，但我们必须认识到这一点，使用复制、粘贴操作把 Illustrator 图稿置入 InDesign 中有时会出现许多问题。

5.4.1 须知事项

在动手把图稿从 Illustrator 复制到 InDesign 中之前，有必要好好了解这个操作背后的细节。Illustrator 文件有可能非常复杂，包含效果、图案、栅格图像、艺术笔触、蒙版等。因此，当把一个 Illustrator 图稿粘贴到 InDesign 之中后，我们无法保证粘贴后得到的图稿和原来的一模一样。此外，我们还需要保证粘贴行为不会对 InDesign 文档造成不良影响。

5.4.1.1 设置 Illustrator 首选项

Illustrator 提供了许多设置选项，以帮助我们控制把哪些数据保存到剪贴板中。选择的设置不一样，

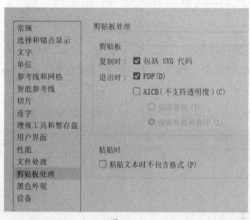

图 5-37

在把 Illustrator 图稿复制到其他应用程序后，最终得到的结果可能截然不同。这些设置不仅会在 InDesign 中发挥作用，还会在其他第三方应用程序中起作用，因为我们经常会把 Illustrator 图稿复制到第三方应用程序中。你甚至会发现，某些设置在 InDesign 中呈现一种结果，在第三方应用程序中则呈现出另外一种结果。

- 在 macOS 环境下：在菜单栏中依次选择【Illustrator】>【首选项】>【剪贴板处理】。
- 在 Windows 环境下：在菜单栏中依次选择【编辑】>【首选项】>【剪贴板处理】，打开相应对话框，如图 5-37 所示。

> **注意** 访问 Illustrator 帮助页面，了解更多关于【首选项】对话框中可用选项的内容。

有两个非常重要的问题你必须先搞清楚：文档中是否有透明对象？图稿中是否应用了透明效果？如果你的回答是否定的，那么更改【剪贴板处理】中的设置不会产生什么影响。但如果你的回答是肯定的，那么更改【剪贴板处理】中的设置时一定要加倍小心。

在把一个透明的 Illustrator 对象复制到 InDesign 中时，我们无法保留其实时透明度，但能确保它是可编辑的。

比如，有一个简单的 Illustrator 图形，其填充了 100% 的洋红色，不透明度为 50%，将其粘贴到 InDesign 中，最终得到的图形的不透明度为 100%，填充色为 50% 的洋红色，以此模拟原来的透明效

果。更糟的是，当在 InDesign 中粘贴 Illustrator 效果时，Illustrator 效果会被栅格化，不仅是不透明的，而且也不会显示在【链接】面板中。

5.4.1.2　一些建议

在 InDesign 中执行复制、粘贴操作时，有如下一些建议可供参考。

- 若 Illustrator 图稿中没有应用透明对象或效果，在把图稿从 Illustrator 复制到 InDesign 时，请使用 Illustrator 默认设置。但是，在这个过程中请确保不要出现其他问题（至于会出现哪些潜在问题稍后讲解）。
- 如果图稿中的对象应用了一些透明度选项，请确保这些透明度选项在 InDesign 中也是可用的（比如不透明度、混合模式）。这样，粘贴图稿后，我们可以在 InDesign 中把同种效果重新应用一下。要做到这一点，请在 Illustrator 首选项的【剪贴板处理】中取消勾选【包括 SVG 代码】和【PDF】选项，在【AICB（不支持透明度）】下选择【保留路径】，如图 5-38 所示。

剪贴板处理
剪贴板
复制时： 包括 SVG 代码
退出时： PDF(D)
AICB(不支持透明度)(C)
保留路径 (T)
保留外观和叠印 (I)

图 5-38

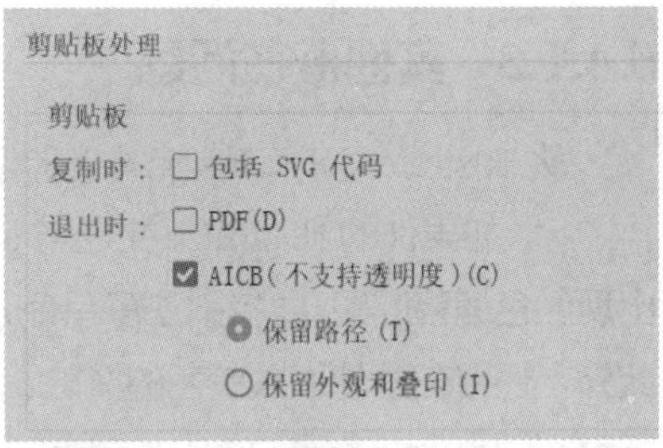

或者选择【保留外观和叠印】，它会通过改变原始形状并在需要时添加其他形状来复制透明效果，如图 5-39 所示。

> 注意　使用【复制】命令前，请务必更改首选项。更改了首选项后，需要再次选择【复制】命令，才能使更改在剪贴板中生效。

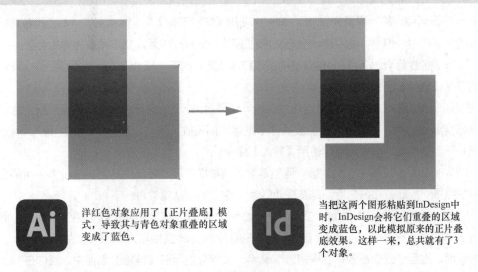

Ai
洋红色对象应用了【正片叠底】模式，导致其与青色对象重叠的区域变成了蓝色。
Id
当把这两个图形粘贴到InDesign中时，InDesign会将它们重叠的区域变成蓝色，以此模拟原来的正片叠底效果。这样一来，总共就有了3个对象。

图 5-39

如果 Illustrator 图稿中应用的透明度选项在 InDesign 中不可用，或者你在图稿中应用了其他效果，那么你可以选择把图稿作为透明 PDF 文档粘贴到 InDesign 中。要做到这一点，在执行粘贴操作之前，需要在 InDesign 中设置首选项。

- 在 macOS 环境下：在菜单栏中依次选择【InDesign】>【首选项】>【剪贴板处理】。
- 在 Windows 环境下：在菜单栏中依次选择【编辑】>【首选项】>【剪贴板处理】。

在打开的对话框中勾选【粘贴时首选 PDF】选项，如图 5-40 所示，这样在粘贴图稿时可保证其透明度不变，但是不能在 InDesign 中更改矢量图形。

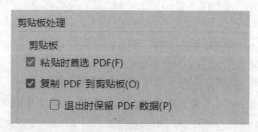

图 5-40

5.4.1.3　其他潜在问题

从 Illustrator 向 InDesign 中复制图稿时，还要注意如下一些潜在问题。

· 如果你的 Illustrator 文档与 InDesign 文档使用了不同的颜色模式或配置文件，那么设计中就会出现颜色偏移问题。要特别注意黑色，因为 RGB 黑色在转换为 CMYK 黑色时可能会出现问题，反之亦然。此外，还存在意外引入专色的风险。

· InDesign 允许你从 Illustrator 粘贴径向渐变和线性渐变，但不支持其他类型的渐变（任意形状渐变、渐变网格）。在 InDesign 中粘贴时，这些类型的渐变会被栅格化（低分辨率），而且也不会显示在【链接】面板中。

· 当 Illustrator 图案非常复杂时，将其粘贴到 InDesign 中可能会造成混乱，因为这个过程可能会导入数百个矢量对象，这些对象属于不同分组且相互剪切。

· 从 Illustrator 粘贴文本时，这些文本在 InDesign 会变成轮廓，且不可再进行编辑。为确保文本在 InDesign 中是可编辑的，需要先在 Illustrator 中使用【文字工具】T，复制文本，然后再将其粘贴到 InDesign 的文本框中。但是，请注意，当把文本粘贴到 InDesign 中后，文本原来的样式会丢失。

· 当把栅格图像（比如，粘贴的 JPEG 图像和其他置入内容）从 Illustrator 粘贴到 InDesign 中后，它不会出现在【链接】面板中。

· 把图稿粘贴到 InDesign 中后，当在 InDesign 中更换色板时，你可能需要给图稿重新上色。而且，由于无法核实原始比例，有可能导致缩放操作不是等比例缩放。因此，在 InDesign 中导入 Logo 等特定图稿时，不要使用粘贴命令，建议使用【置入】命令。

· 如果 Illustrator 图稿中包含蒙版、画笔笔触、图形样式等，将其粘贴到 InDesign 中可能会出现意想不到的结果。因此，粘贴之后，需要在 InDesign 中把图稿认真检查一下。

使用复制、粘贴命令把 Illustrator 文件导入 InDesign 中时，如果遇到本课中提到的问题，请换另外一种导入方式试试——置入。使用【置入】命令把 Illustrator 文档导入 InDesign 中后，Illustrator 文档中的透明度、图层、画板都会得到保留，Illustrator 文档会显示在【链接】面板中，当你在 Illustrator 中修改文档时，这些修改也会在 InDesign 中反映出来。

5.4.1.4　何时用粘贴

虽然前面提到了【粘贴】命令的许多缺点，但在某些情况下，使用【粘贴】命令从 Illustrator 粘贴图稿可以带来很多好处。只要待粘贴的对象不过于复杂，而且没有应用透明效果，使用【粘贴】命令将其粘贴到 InDesign 中就是安全的。在下面一些情况中可使用【粘贴】命令。

- 粘贴一个装饰元素，在 InDesign 中用作文本框或图形框。
- 粘贴一个 Illustrator 图形，在 InDesign 中用作项目符号。
- 粘贴一个 Illustrator 矢量图形，在 InDesign 中用来做文字绕排。
- 向 InDesign 粘贴模切线或其他技术性辅助线。
- 粘贴特殊箭头或其他难以在 InDesign 中制作的对象，这些对象在 InDesign 中使用时会改变描边和填充颜色。

5.4.2 综合案例

下面我们一起练习一个综合案例，在这个案例中我们会使用【粘贴】命令把 Illustrator 图稿导入 InDesign 中。开始之前，请打开【首选项】对话框，把【剪贴板处理】中的选项恢复成默认设置。

5.4.3 准备工作

本项目主要介绍把 Illustrator 图稿复制到 InDesign 中的基本知识。首先，浏览最终合成画面，以及要用的图稿。

① 在 Illustrator 中，从 Lesson05\Imports 文件夹中打开 logo-elements.ai 文件。

② 在菜单栏中依次选择【窗口】>【工作区】>【基本功能】，进入【基本功能】工作区。然后，依次选择【窗口】>【工作区】>【重置基本功能】，重置 Illustrator 基本工作区。

这个文档中包含两个画板，每个画板中都有一些矢量图形，如图 5-41 所示，我们会把它们从 Illustrator 粘贴到 InDesign 中。

图 5-41

③ 不要关闭文件。

④ 在 InDesign 中，从 Lesson05 文件夹中打开 L05-baking-end.indd 文档。

⑤ 在菜单栏中依次选择【窗口】>【工作区】>【基本功能】，进入【基本功能】工作区。然后，依次选择【窗口】>【工作区】>【重置"基本功能"】。

这个文档呈现的是最终设计好的版本，它是一张广告贴纸，用来宣传烘焙课程，如图 5-42 所示。请注意观察这张广告贴纸中的各个 Illustrator 图形是怎么用的。画面中间有一个框，上面应用了多种 InDesign 效果，而且其中还插入了一个图像。此外，其他图形的颜色略有改动，它们在画

图 5-42

面中充当装饰。

⑥ 关闭文件。

5.4.4 导入主框架

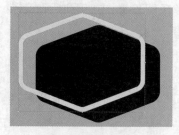

图 5-43

① 回到 Illustrator 中，从 Lesson05\Imports 文件夹中打开 logo-elements.ai 文件。

② 在第一个画板中，使用【选择工具】▶ 选择浅灰色框架，如图 5-43 所示。

③ 在菜单栏中依次选择【编辑】>【复制】。

④ 回到 InDesign 中，从 Lesson05 文件夹中打开 L05-baking-start.indd 文件。

⑤ 在菜单栏中依次选择【文件】>【存储为】，把文件另存为 L05-bakingWorking.indd。

继续操作前，先调整 InDesign 的默认首选项，以便选择锁定对象，改变它们的填充和描边属性。

⑥ 在 macOS 环境下，在菜单栏中依次选择【InDesign】>【首选项】>【常规】。

在 Windows 环境下，在菜单栏中依次选择【编辑】>【首选项】>【常规】。

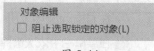

图 5-44

⑦ 在打开的对话框中取消勾选【阻止选取锁定的对象】选项，如图 5-44 所示，单击【确定】按钮，关闭【首选项】对话框。

⑧ 在菜单栏中依次选择【编辑】>【粘贴】。

⑨ 在【属性】面板中，单击【W】与【H】属性右侧的锁链图标，启用【约束宽度和高度的比例】功能，如图 5-45 所示。开启该功能，可确保图形缩放时是等比例的。

图 5-45

⑩ 在【属性】面板中，把【W】的值改为 3.5 英寸，按 Return/Enter 键。

⑪ 在【属性】面板的【对齐】区域中，单击第一个图标，从弹出菜单中选择【对齐页面】，如图 5-46 所示。然后，单击【水平居中对齐】按钮，如图 5-47 所示，使框架水平居中。

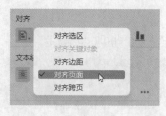

图 5-46

图 5-47

⑫ 在【属性】面板的【变换】区域中，把参考点设置在左上角。然后，在【Y】文本框中输入 0.04 英寸，浅灰色框架的最终位置如图 5-48 所示。

⑬ 取消选择浅灰色框架。

⑭ 在【工具】面板中选择【直接选择工具】▷ 并框选浅灰色框架的下半部分，如图 5-49 所示，选中浅灰色框架下半部分的锚点。

图 5-48

图 5-49

图 5-50

⑮ 按住 Shift 键，按几次↑键，减小框架高度，如图 5-50 所示。然后，取消选择浅灰色框架。

⑯ 在菜单栏中依次选择【窗口】>【图层】，打开【图层】面板。然后，单击 Layer 1 图层左侧的箭头，展开图层层次结构。

其中只有一个对象未锁定——<复合路径>，该对象就是我们刚刚从 Illustrator 粘贴过来的浅灰色框架。接下来，我们给它改名，使其更容易识别。

⑰ 在【图层】面板中单击"<复合路径>"，使其高亮显示。再双击对象名称，将其名称更改为 frame，如图 5-51 所示，然后按 Return/Enter 键，使修改生效。

⑱ 在浅灰色框架处于选中状态的情况下，打开【色板】面板，单击【[纸色]】色板，填充到框架上。

⑲ 在【图层】面板中，单击 frame 对象左侧的方形区域，将其锁定，如图 5-52 所示。然后保存当前文档。

图 5-51

图 5-52

⑳ 回到 Illustrator 中。

㉑ 复制黑色图形，粘贴到 InDesign 中。

㉒ 缩小黑色图形，将其移动到白色框架上，且使其顶部、左边缘、右边缘与框架边缘重叠在一起，

如图 5-53 所示。

㉓ 在【图层】面板中，把黑色图形重命名为 image placeholder。

㉔ 把 image placeholder 对象拖动到 frame 对象的下方，如图 5-54 所示。

图 5-53   图 5-54

㉕ 使用【直接选择工具】▷ 选择黑色图形下半部分的锚点，按↑键，向上移动，直到完全在白色框架中，如图 5-55 所示。

㉖ 取消选择黑色图形。

㉗ 在【图层】面板中，锁定 image placeholder 对象，如图 5-56 所示。

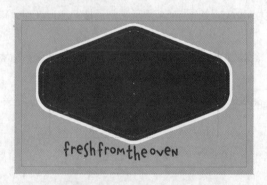

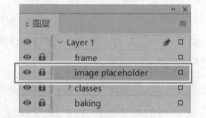

图 5-55   图 5-56

5.4.5 导入横幅

① 在 logo-elements.ai 文档中，选择画板底部的左横幅对象，复制它。

② 回到 InDesign 中，粘贴刚刚复制的对象。

③ 在【图层】面板中，把左横幅对象重命名为 left banner。

④ 使用【直接选择工具】▷ 选择左横幅对象右侧的两个锚点。

⑤ 向左拖动两个锚点，缩短左横幅，使其宽度大约为 0.25 英寸，如图 5-57 所示。

⑥ 使用【选择工具】▶ 把左横幅移动到框架对象左侧，并使其居中，如图 5-58 所示。

⑦ 在左横幅处于选中状态的情况下，在【属性】面板的【外观】区域中，单击【填色】左侧的颜色框，在弹出的面板中单击【［纸色］】色板。

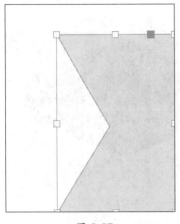

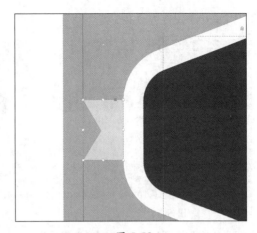

图 5-57　　　　　　　　　　　　　　　　　　　图 5-58

⑧ 在菜单栏中依次选择【编辑】>【直接复制】，复制左横幅。

⑨ 在【图层】面板中，把刚复制出来的横幅重命名为 right banner。

⑩ 在菜单栏中依次选择【对象】>【变换】>【水平翻转】，把刚复制出来的横幅方向变为向右，如图 5-59 所示。

⑪ 把右横幅移动到框架右侧，与左横幅在水平方向上对齐，如图 5-60 所示。

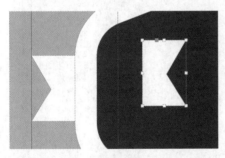

图 5-59　　　　　　　　　　　　　　　　　　　图 5-60

⑫ 取消选择所有对象。

⑬ 在【图层】面板中锁定左右两个横幅。

5.4.6　添加效果

接下来，我们给粘贴的矢量图形添加一些效果，增强其立体感。

❶ 使用【选择工具】 ▶ 选择白色框架对象。

❷ 在菜单栏中依次选择【窗口】>【效果】，打开【效果】面板。

❸ 在【效果】面板中，双击【对象：正常 100%】后的区域，如图 5-61 所示，打开【效果】对话框。

❹ 在【效果】对话框左下方勾选【预览】选项。

❺ 在左侧效果列表中，单击【斜面和浮雕】效果，此时框架上出现斜面和浮雕效果，如图 5-62 所示，同时【效果】对话框的右侧区域中显示出【斜面和浮雕】的各个选项。

❻ 把【方法】修改为【雕刻清晰】。

❼ 把【大小】设置为 0.125 英寸。

效果
正常
不透明度: 100%
对象: 正常 100%
描边: 正常 100%
填充: 正常 100%
文本:
分离混合
挖空组

图 5-61

freshfromtheoven

图 5-62

❽ 把【角度】设置为 90°，【高度】设置为 45°，如图 5-63 所示。

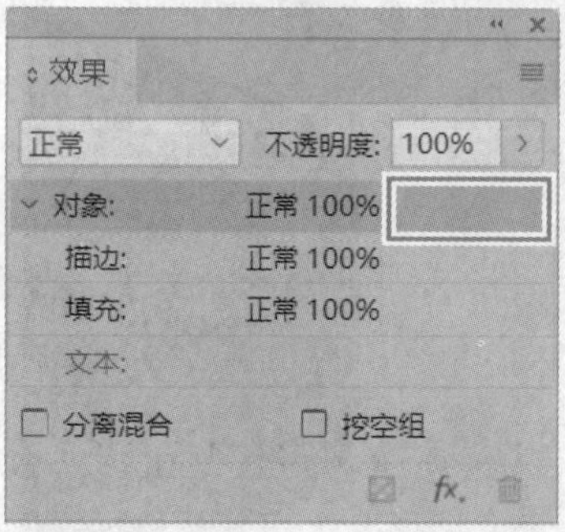

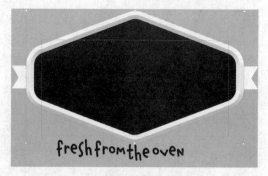

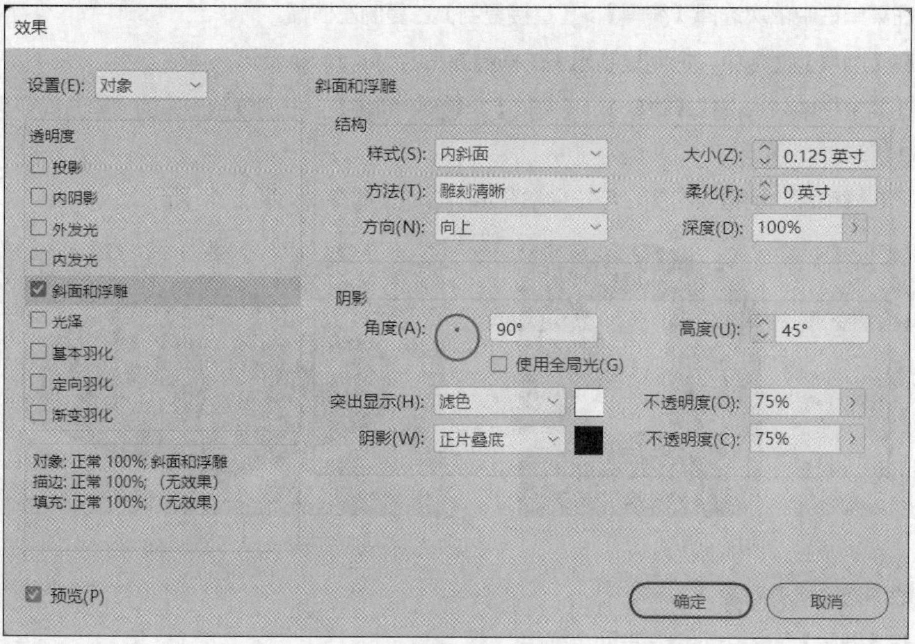

效果
设置(E): 对象
斜面和浮雕
透明度
投影
内阴影
外发光
内发光
斜面和浮雕
光泽
基本羽化
定向羽化
渐变羽化
结构
样式(S): 内斜面
方法(T): 雕刻清晰
方向(N): 向上
大小(Z): 0.125 英寸
柔化(F): 0 英寸
深度(D): 100%
阴影
角度(A): 90°
使用全局光(G)
高度(U): 45°
突出显示(H): 滤色
不透明度(O): 75%
阴影(W): 正片叠底
不透明度(C): 75%
对象: 正常 100%; 斜面和浮雕
描边: 正常 100%; (无效果)
填充: 正常 100%; (无效果)
预览(P)
确定
取消

图 5-63

把【角度】设置为 90° 后，高光效果会垂直应用到所选对象上。最后，修改阴影颜色，添加一个相同角度的投影。

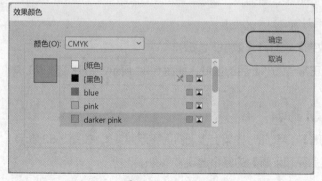

效果颜色
颜色(O): CMYK
确定
取消
[纸色]
[黑色]
blue
pink
darker pink

图 5-64

❾ 把阴影的【不透明度】设置为 100%。

❿ 单击【阴影】右侧的颜色框，在弹出的【效果颜色】对话框中选择【darker pink】色板，如图 5-64 所示，然后单击【确定】按钮，关闭【效果颜色】对话框。

⓫ 在左侧效果列表中单击【投影】效果，将其应用到框架，同时【效果】

对话框右侧区域中显示出该效果的各个选项。

⓬ 单击【设置阴影颜色】按钮（即【模式】右侧的颜色框），打开【效果颜色】对话框，选择【darker pink】色板。单击【确定】按钮，关闭【效果颜色】对话框。

> ♀ 注意 所应用的效果看起来分辨率比较低，别担心，导出时 InDesign 会以高分辨率渲染它们。

⓭ 在【角度】文本框中输入 90°（应用【斜面和浮雕】效果时，【角度】也设置成 90°）。

⓮ 把【Y 位移】设置为 0.0625 英寸，此时【距离】值也会跟着变化，如图 5-65（上）所示，效果如图 5-65（下）所示。

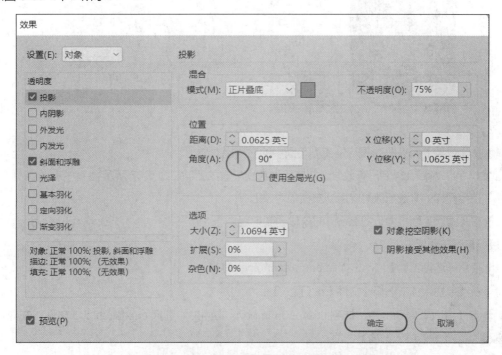

图 5-65

⓯ 单击【确定】按钮，关闭【效果】对话框。保持框架处于选中状态。

5.4.7　复制效果与添加图像

接下来，我们复制刚刚创建的效果，将其应用到左右横幅上。

❶ 在框架处于选中状态时，打开【效果】面板，此时，【对象：正常100%】右侧出现一个 fx 图标，如图 5-66 所示。此图标代表当前应用到所选对象上的所有效果。

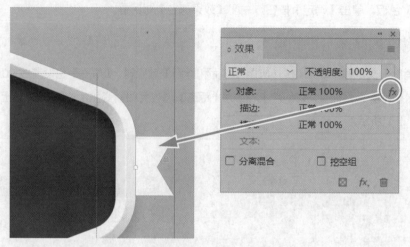

图 5-66

❷ 从【效果】面板把 fx 图标拖曳到页面中的右横幅对象上。

此时，InDesign 会复制所有效果，并应用到右横幅对象上，如图 5-67 所示。

❸ 使用同样的方法把效果应用到左横幅对象上。

❹ 在【图层】面板中，把 frame 对象移动到顶层。

接下来，在框架中嵌入一张图像。

❺ 使用【选择工具】▶ 选择 image placeholder 对象。

❻ 在菜单栏中依次选择【文件】>【置入】。

❼ 在【置入】对话框中，转到 Lesson05\Imports 文件夹，选择 cupcakes.psd 文件。在对话框下部取消勾选【显示导入选项】选项。

❽ 单击【打开】按钮，置入所选图像，如图 5-68 所示。

图 5-67

图 5-68

❾ 在【属性】面板的【框架适应】区域中，单击第一个按钮（【按比例填充框架】），如图 5-69 所示，使图像适合框架。请注意，此时图像右侧仍然有一个空白区域，如图 5-70 所示。

❿ 单击图像中心，选择【内容抓取器】。此时，框架中的图像被选中。

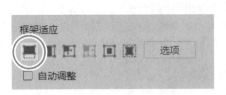

图 5-69

图 5-70

⑪ 按住 Shift 键，向右下方拖动右下角的控制点，放大图像。当图像填满右侧的空白区域后，停止拖动，如图 5-71 所示。

> 💡注意　你可能需要缩小页面才能看到右下角的控制点。

⑫ 取消选择图像。

⑬ 在【图层】面板中，把 classes、baking 对象移动到顶层，效果如图 5-72 所示。

图 5-71

图 5-72

5.4.8　导入装饰元素

接下来，我们把装饰元素从 Illustrator 逐个导入 InDesign 中。

❶ 回到 Illustrator 中，从【画板导航】菜单（位于 Illustrator 工作区下方）中选择【2 baking illustrations】，如图 5-73 所示。这个画板中包含所有装饰元素。

图 5-73

❷ 使用【选择工具】▶ 选择草莓。在菜单栏中依次选择【编辑】>【复制】。

❸ 回到 InDesign 中，在菜单栏中依次选择【编辑】>【粘贴】，把草莓粘贴到设计页面中。

❹ 把草莓略微缩小一点儿，将其放到页面的左上角，如图 5-74 所示。

图 5-74

❺ 回到 Illustrator 中，复制纸杯蛋糕，粘贴到 InDesign 之中后，将其放到页面的右上角。

❻ 使用同样的方法把围裙复制到 InDesign 中，将其放到页面的左下角。

⑦ 把防烫手套、搅拌器分别复制到 InDesign 中，然后将它们放到页面的右下角。

根据需要，调整这些装饰元素的大小和位置。你可以尝试把这些装饰元素放到不同的位置上，自由地调整大小和进行旋转，直到获得满意的效果为止。在【图层】面板中，调整这些装饰元素的堆叠顺序，使某些装饰元素出现在框架和填充图像背后，塑造画面的空间感，如图 5-75 所示。

图 5-75

⑧ 回到 Illustrator 中，复制擀面杖，将其粘贴到 InDesign 文档中。

⑨ 缩小擀面杖，使其恰好可以放在 BAKING 文本和框架底边之间，如图 5-76 所示。不要取消选择它。

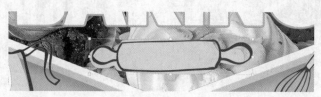

图 5-76

⑩ 打开【图层】面板，可以看到擀面杖是顶层的对象。在【图层】面板中，向下拖动擀面杖对象，使其位于 classes 对象的下方。

使用方向键，根据擀面杖位置调整文字，使其正好位于擀面杖中间，这样看起来文字就像是写在擀面杖上一样，如图 5-77 所示。

图 5-77

5.4.9　更新色板

接下来，了解把对象粘贴到 InDesign 中后，InDesign 中的色板有什么变化。

❶ 打开【色板】面板，如图 5-78 所示。

在【色板】面板中，可以看到里面新增加了许多色板。所有这些颜色都是从 Illustrator 粘贴对象到 InDesign 中时带过来的。另请注意，尽管 Illustrator 中有许多对象应用了黑色和白色，但在【色板】面板中黑色或白色色板只有一套。这是因为 InDesign 会自动将自己的黑白色板应用于这些对象。

②在【色板】面板中，双击浅蓝色色板（c25m0y16k0），打开【色板选项】对话框。

③在【色板选项】对话框中，把【青色】值修改为 50%，如图 5-79 所示，然后单击【确定】按钮，关闭【色板选项】对话框。

④确保未选择任何内容。在【色板】面板中，双击浅绿色色板（c27m0y59k0），打开【色板选项】对话框。

⑤把【青色】设置为 50%，【黄色】设置为 100%，如图 5-80 所示，然后单击【确定】按钮，关闭【色板选项】对话框。

图 5-78

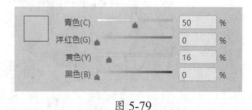

图 5-79

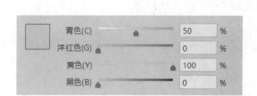

图 5-80

这样在 InDesign 中修改了导入的色板后，装饰元素中的浅蓝色和浅绿色就会跟着发生变化。

⑥确保未选择任何内容。在【色板】面板中，单击【c13m10y10k0】色板，将其选中。

⑦按住 Shift 键，单击色板列表中的最后一个色板，把导入的颜色全部选中。

⑧在选中的色板中双击任意一个色板的缩览图（色板名称左侧的方框），打开【色板选项】对话框。

⑨勾选【以颜色值命名】选项，如图 5-81 所示，然后单击【确定】按钮，关闭【色板选项】对话框。

图 5-81

修改颜色后，原始色板名称中的颜色值与修改后的颜色值不再一致，勾选【以颜色值命名】选项后，色板名称会随着修改后的颜色值的变化而变化。

🔟 使用【选择工具】▶ 选择文本 fresh，应用浅蓝色。

1️⃣1️⃣ 选择文本 from the，应用纸色（白色）。

1️⃣2️⃣ 选择文本 oven，应用黄色。

最终效果如图 5-82 所示。

图 5-82

1️⃣3️⃣ 取消选择文本，保存当前文档。

1️⃣4️⃣ 关闭文件。

5.5　复习题

❶ 在 InDesign 中置入 Illustrator 文件后，哪些图层会被覆盖？

❷ 在 InDesign 的【首选项】对话框的【文件处理】中，【更新或重新链接时隐藏新图层】选项有什么作用？

❸ 如何把一个 Illustrator 文件中的多个画板分别保存成独立的 Illustrator 文件？

❹ 把一个 Illustrator 画板置入 InDesign 中后，如何把它替换成同一个 Illustrator 文件中的另外一个画板？

❺ 使用复制、粘贴命令把 Illustrator 图稿粘贴到 InDesign 中会出现一些问题，请说出 3 个。

5.6　复习题答案

❶ 在 InDesign 中，只能覆盖置入的 Illustrator 文件中的顶层图层。子图层无法访问。

❷ 若置入 InDesign 中的 Illustrator 文件或 PDF 文件应用了图层覆盖，勾选【更新或重新链接时隐藏新图层】选项后，当向置入的文件添加新图层时，不会出现图层覆盖重置问题。

❸ 在菜单栏中依次选择【文件】>【存储为】，在【存储为】对话框中，单击【保存】按钮，然后在【Illustrator 选项】对话框中，勾选【将每个画板存储为单独的文件】选项，即可把一个 Illustrator 文件中的各个画板分别保存成独立的 Illustrator 文件。

❹ 首先，使用【选择工具】▶ 选择所置入的文件。然后，在菜单栏中依次选择【文件】>【置入】，在【置入】对话框中，重新选择那个文件。勾选【显示导入选项】选项，单击【打开】按钮。在【置入 PDF】对话框中，选择所需要的画板，单击【确定】按钮。

❺ 第一，InDesign 并不支持 Illustrator 中的所有对象和效果，比如任意形状渐变、艺术笔触、透明效果等。第二，当 Illustrator 和 InDesign 使用不同的颜色模式时，颜色转换可能会发生问题。第三，因为粘贴的图稿会转换成 InDesign 原生图稿，所以转换后的图稿比例可能出现问题。如果不需要直接在 InDesign 中编辑粘贴的图稿，建议使用【置入】命令来导入 Illustrator 图稿。

在 Photoshop 中使用 Illustrator 图稿

本课讲解如下内容：

- 把 Illustrator 图稿导入 Photoshop 的多种方法；
- 了解把 Illustrator 文件嵌入 Photoshop 时的过程；
- 了解链接到原始文档的重要性；
- 置入过程中使用控制框；
- 从 Illustrator 粘贴图稿时选择正确的选项。

学习本课大约需要 **40** 分钟

　　掌握把 Illustrator 图稿导入 Photoshop 的正确方法有助于提高工作效率，减少图像文件中的图层数量，而且会使在 Illustrator 和 Photoshop 之间来回切换变得更加容易。

6.1 配合使用 Illustrator 和 Photoshop

本课详细介绍如何在工作中配合使用 Illustrator 与 Photoshop 这两款软件。在第 2 课中，我们大致了解了如何把 Photoshop 图像导入 Illustrator 中使用，以及如何进行链接。在本课中，我们将了解如何把 Illustrator 图稿导入 Photoshop 中使用。选择导入方法时，需要考虑如下几个问题。

- 把 Illustrator 图稿导入 Photoshop 后，其中包含的文字在 Photoshop 中需要处于可编辑状态吗？
- 把 Illustrator 图稿导入 Photoshop 后，其中包含的矢量图形在 Photoshop 中需要处于可编辑状态吗？
- 需要保留指向原始 AI 文件的链接吗？
- 需要在 Photoshop 中导入多个图稿吗？是一个画板，还是整个文档？那个文档是原始 AI 文件还是嵌入的副本？

学完本课内容，你就能回答上面这些问题了，并且能够选择最适合自己工作流程的方法。

6.2 在 Photoshop 中嵌入 Illustrator 图稿

首先，我们了解如何把一个 Illustrator 画板或整个 Illustrator 文件以嵌入或置入的方式导入 Photoshop 中。第 2 课中我们学过将 PSD 文件嵌入 Illustrator 中的一些准则，但这些准则在这里并不完全适用。

- 在把一个 Photoshop 文档嵌入 Illustrator 后，如果需要在 Photoshop 中再次编辑这个文档，则必须先取消嵌入。取消嵌入时，需要提取文件，并将其保存成一个独立的外部文件。然后，当你在 Photoshop 中编辑好该文件后，还需要替换先前置入 Illustrator 中的那个版本。这可能是一个非常折磨人的过程。
- 把一个 Illustrator 文档嵌入 Photoshop 后，如果你需要在 Illustrator 中再次编辑它，只需要双击代表该文档的智能对象即可。此时会跳转到 Illustrator 中，可以在 Illustrator 中做一些编辑并保存文档，所做的修改会立即在 Photoshop 中体现出来。也就是说，通往 Illustrator 的路径是最省力的。

接下来，我们一起了解具体如何操作。

6.2.1 准备工作

首先，浏览最终合成画面，以及要用到的文件。

❶ 启动 Photoshop，在菜单栏中依次选择【Photoshop】>【首选项】>【常规】（macOS），或者选择【编辑】>【首选项】>【常规】（Windows），打开【首选项】对话框。

❷ 单击【在退出时重置首选项】按钮，单击【确定】按钮。

然后重启 Photoshop。

❸ 在 Lesson06 文件夹中打开 L06-exhibition-end.psd 文件，如图 6-1 所示。

这个文件是某个网站设计项目的一部分，其中包含多个使用 Illustrator 制作的图标。这些图标是使用图层样式上色的。

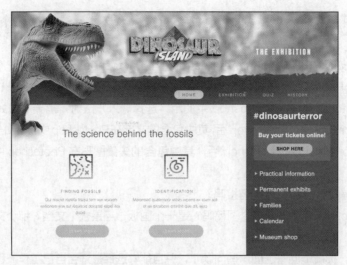

图 6-1

💡注意 首次打开包含智能对象（带链接）的 Photoshop 文档时，有些智能对象上带有黄色三角形图标，在菜单栏中依次选择【图层】>【智能对象】>【更新所有修改的内容】，可消除这些黄色三角形图标。

④ 启动 Illustrator，在菜单栏中依次选择【Illustrator】>【首选项】>【常规】（macOS），或者选择【编辑】>【首选项】>【常规】（Windows），打开【首选项】对话框。

⑤ 单击【重置首选项】按钮，然后单击【确定】按钮，关闭【首选项】对话框。

⑥ 在确认对话框中单击【立即重新启动】按钮，重新启动 Illustrator。

⑦ 在 Lesson06\Imports 文件夹中打开 paleontology-icons.ai 文件，如图 6-2 所示。

图 6-2

制作网页时使用的图标就在这个 Illustrator 文档中。当然，除了网页中用到的那些图标外，Illustrator 文档中还包括其他图标。

⑧ 回到 Photoshop 中，关闭 L06-exhibition-end.psd 文档，不进行保存。在 Illustrator 中，保持 paleontology-icons.ai 文件处于打开状态。

6.2.2　置入 Illustrator 图稿

在 Photoshop 中置入图稿文件前，务必先了解待置入的图稿文件，这一点非常重要。图稿是独立的（单独在一个画板中），还是某个设计的一部分？把一个 Illustrator 图稿置入 Photoshop 的方法有如下两种。

- 若图稿单独在一个画板上，建议使用 Photoshop 中的【置入嵌入对象】命令。

- 若图稿不在独立的画板上，可以在 Illustrator 中复制图稿，然后将其作为嵌入图稿粘贴到 Photoshop 中（更多相关内容稍后讲解）。

❶ 回到 Illustrator 中，仔细查看 paleontology-icons.ai 文档，可以看到各个图标都在单独的画板上。

所有画板的大小都一样，所有图标的大小也都一样，且都位于各自画板的正中间。知道这一点很有必要，因为有时我们会用到图标周围的画板区域。

设计某些图形（如图标、Logo 等）时，设计师需要在这些图形周围留出一些空白（或称"填充"）区域。这里，我们假设在把 paleontology-icons.ai 文档中的图标置入 Photoshop 时需要考虑这些图标周围的空白区域。

❷ 进入 Photoshop，打开 L06-exhibition-start.psd 文档。

在【图层】面板中，可以看到这个文档中包含许多图层。为方便在不同图层之间来回切换，接下来我们会把【图层】面板从工作区中分离出来，使其成为独立的面板，并增加其高度。

❸ 在菜单栏中依次选择【文件】>【存储为】，把文件另存为 L06-exhibitionWorking.psd。

❹ 向屏幕中央拖曳【图层】面板，使其脱离原来的面板组，如图 6-3 所示。把鼠标指针移动到【图层】面板的下边缘处，按住鼠标左键向下拖动，增加面板高度，如图 6-4 所示，最好使其高度与屏幕高度一致。这样，我们可以在【图层】面板中同时看到所有图层。

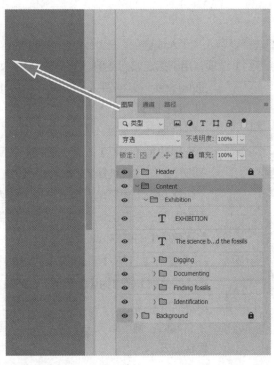

图 6-3

图 6-4

【图层】面板中有 3 个图层组，分别应用不同颜色，以示区分。其中，红色与蓝色图层组处于锁定状态，只有绿色图层组是可编辑的。

⑤ 在【图层】面板中展开 Content 图层组，找到 Finding fossils 图层组，将其展开。

⑥ 选择 FINDING FOSSILS 文字图层，如图 6-5 所示。

⑦ 在菜单栏中依次选择【文件】>【置入嵌入对象】。

⑧ 在【置入嵌入的对象】对话框中，转到 Lesson06\Imports 文件夹，双击 paleontology-icons.ai 文件，打开【打开为智能对象】对话框，如图 6-6 所示。让对话框保持打开状态，继续往下操作。

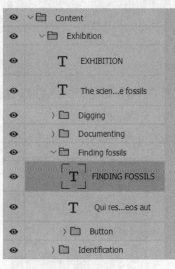

图 6-5

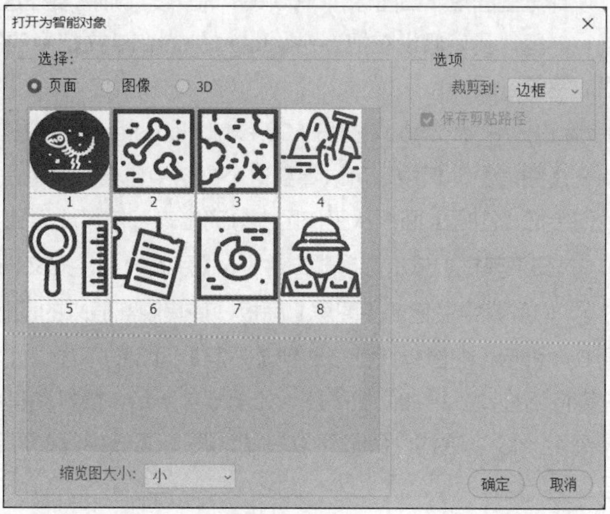

图 6-6

6.2.3 选择导入选项

在【打开为智能对象】对话框中，我们需要选择要导入（置入或嵌入）Photoshop 中的图稿（或画板）。另请注意，对话框的右上方有一个【裁剪到】选项，用于指定如何裁剪。第 5 课中讲解如何把 Illustrator 文档置入 InDesign 中时也用到了类似选项。

使用默认设置（【裁剪到】下拉列表中选择的是【边框】）置入图稿时，所选画板中的图稿会被置入 Photoshop 中，但不包括画板边界区域，也就是说，会丢失图稿周围的空白区域。这里，我们需要使用图稿周围的空白区域。

❶ 在【打开为智能对象】对话框中，把【裁剪到】修改为【裁剪框】，如图 6-7 所示。

此时，预览图发生更新，把整个画板包含进去。

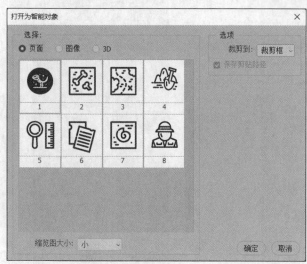

图 6-7

② 选择第 3 个画板（表示地图），单击【确定】按钮。

Photoshop 会在当前文档中置入你选择的图稿（包括周围的空白区域），同时在选项栏中显示与图稿相关的一些变换选项。

③ 在选项栏的宽度与高度文本框中输入 50%，如图 6-8 所示。输入完成后，暂且不要按 Return/Enter 键。

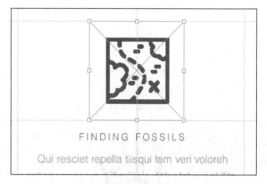

图 6-8

④ 移动刚刚置入的图标，使其位于 FINDING FOSSILS 文字之上，且与参考线居中对齐（即中间两个控制点恰好位于参考线上），如图 6-9 所示。

⑤ 按 Return/Enter 键，使修改（大小和位置）生效。

⑥ 在【图层】面板中，双击新添加的 paleontology-icons 图层的名称，将其重命名为 fossils icon。

之所以要等到把图标移动到目标位置后再按 Return/Enter 键应用修改，是因为一旦按下 Return/Enter 键，就会退出自由变换模式，图标周围的控制框也会随之消失。通过使用图标周围的空白区域，我们可以在文字与图标之间设置一个合适的距离。

图 6-9

另请注意，在【图层】面板中，fossils icon 图层的缩览图上有一个特殊图标。该特殊图标表示它是一个嵌入的智能对象，由置入的 Illustrator 文件变化而来。

💡 提示　如果你希望再次查看图标周围的空白区域，请在菜单栏中依次选择【编辑】>【自由变换】，显示出自由变换控制框。按 Return/Enter 键应用变换，或者直接按 Esc 键退出自由变换模式，此时自由变换控制框将消失。

6.2.4　导入其他图标

重复上面的步骤，从 paleontology-icons.ai 文件置入其他 3 个图标。不过，我们无法同时置入多个画板，因此，同样的步骤必须重复执行 3 次，才能把其他 3 个图标添加到网页中。

① 把第 7 个画板中的图标放到 IDENTIFICATION 文字的上方，如图 6-10 所示。

② 把第 4 个画板中的图标放到 DIGGING 文字的上方，如图 6-11 所示。

图 6-10

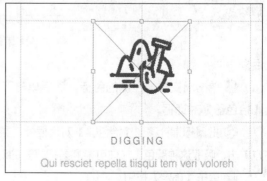

图 6-11

❸ 把第 6 个画板中的图标放到 DOCUMENTING 文字的上方，如图 6-12 所示。

把每个图标图层重命名，使其与相应的文字图层相关联，效果如图 6-13 所示。

图 6-12

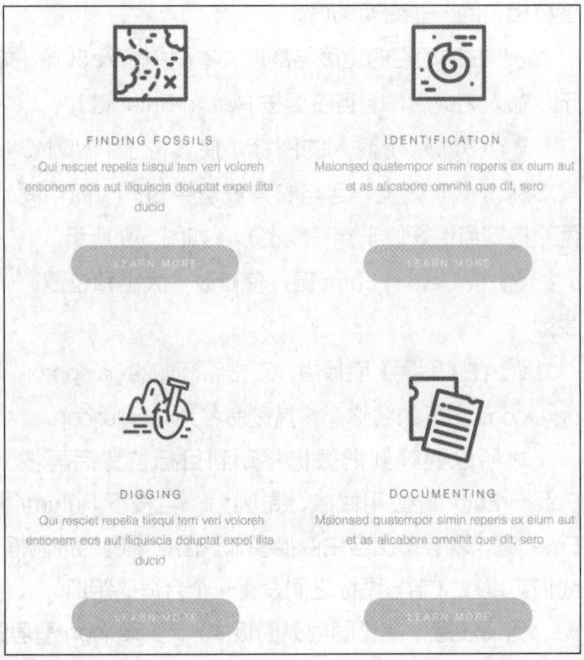

图 6-13

6.2.5　重新给图标上色

接下来，我们重新给图标上色，使其与整个网页的外观和风格保持一致。为此，我们可以双击各个图标，进入 Illustrator 中更改各个图标的颜色，而后 Photoshop 文档中的图标颜色会同步更新。但为了给大家演示如何将置入的 Illustrator 文件与 Photoshop 功能相结合，这里特意使用图层样式来给各个图标上色。使用图层样式上色的好处是，你可以在 Photoshop 文档中管理项目颜色。

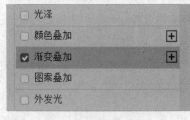

图 6-14

❶ 在 Documenting 图层组中，选择刚刚添加的 documenting icon 图层。

❷ 双击图层名称右侧的空白区域，打开【图层样式】对话框。

❸ 在左侧样式列表中，单击【渐变叠加】文字（不是单击文字左侧的复选框），如图 6-14 所示。

❹ 单击渐变条，如图 6-15 所示，打开【渐变编辑器】对话框。

❺ 单击渐变条最左侧的色标，然后单击下方【颜色】右侧的颜色框，如图 6-16 所示，打开【拾色器】对话框。

❻ 把鼠标指针移到【拾色器】对话框外，鼠标指针变成 ✐ 形状。然后，在网页中淡黄绿色的地方单击，吸取这种颜色。（你可能需要把打开的对话框重新排列一下，才能看到网页中的淡黄绿色。）

❼ 单击【确定】按钮。

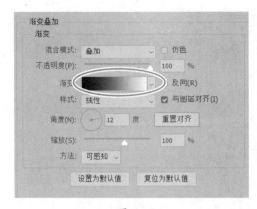

| 图 6-15 | 图 6-16 |

⑧ 在【渐变编辑器】对话框中，单击渐变条最右侧的色标，然后单击【颜色】右侧的颜色框，打开【拾色器】对话框，从网页中选择一种深色。

单击不同颜色，图标的外观和风格会立刻发生变化。你可以不断尝试，直到找到自己喜欢的颜色组合。

⑨ 选择好颜色后，单击【确定】按钮，关闭【拾色器】对话框。然后，单击【确定】按钮，关闭【渐变编辑器】对话框。再单击【确定】按钮，关闭【图层样式】对话框。

至此，我们就给图标应用上了【渐变叠加】效果，如图 6-17 所示，同时图层名称右侧将显示一个 fx 图标，如图 6-18 所示。

图 6-17

⑩ 在【图层】面板顶部单击【智能对象过滤器】按钮，如图 6-19 所示，仅显示文档中的智能对象。此时，【图层】面板中只显示我们置入的那 4 个图标，如图 6-20 所示。

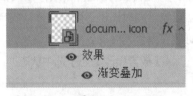

图 6-18

图 6-19

图 6-20

💡 提示 设计过程中，在【图层】面板中使用不同过滤器（位于面板顶部）可以快速隐藏那些暂时不需要显示的元素。你可以尝试开启这些过滤器，查看【图层】面板中都有什么变化。

⑪ 按住 Option/Alt 键，把【渐变叠加】效果图标（fx）拖动到其他图层上，此时 Photoshop 会复制【渐变叠加】效果并应用到目标图层上，如图 6-21 所示。

⑫ 在【图层】面板顶部再次单击【智能对象过滤器】按钮，把其他所有图层一同显示出来。

图 6-21

6.2.6 编辑图稿

接下来，我们了解如何在 Illustrator 中编辑嵌入的图稿，然后在 Photoshop 项目中同步更新。

❶ 在 Photoshop 的【图层】面板中，展开 Identification 图层组。

❷ 在【图层】面板中，单击 identification icon 图层，将其选中。然后，在【属性】面板中，单击【编辑内容】按钮，如图 6-22 所示，在 Illustrator 中编辑图标。（在【属性】面板中，向下拖动右侧滚动条，才能看到【编辑内容】按钮。）若弹出一个对话框，询问你是否保存更改，单击【确定】按钮。

Illustrator 中出现一个警告对话框，告知你该文档已经在 Illustrator 之外发生了修改，同时提供了两个选择：放弃更改、保留更改。接下来，你会了解到两者的区别。

❸ 保持默认选择（【放弃更改】处于选中状态），单击【确定】按钮。

❹ 此时，Illustrator 显示出所选图标。在菜单栏中依次选择【视图】>【全部适合窗口大小】。现在，所有图标都显示了出来，不只包括选择的那个。看一下文件名，其中清晰地指出了置入 Photoshop 时选择的是哪个画板，如图 6-23 所示。

paleontology-icons 页面 7.ai @ 151.66 % (RGB/预览)

图 6-22   图 6-23

若第③步中选择的是【保留更改】，那么我们只能在 Illustrator 中看见一个画板，其他画板是看不见的。而且，这个唯一显示出来的画板中存放的正是我们置入 Photoshop 中的那个图标。

❺ 使用【选择工具】▶ 选择置入 Photoshop 中的那个图标，它是一个编组，其中包含多个对象。

❻ 双击图标，进入隔离模式。在隔离模式下，你可以很方便地修改编组中的所有对象，而且不需要取消编组。

图 6-24

❼ 选择组成贝壳的 5 个对象，如图 6-24 所示。

⑧ 在【属性】面板中，把旋转角度修改为 –90°。

⑨ 在菜单栏中依次选择【文件】>【存储】，保存当前更改。

⑩ 返回到 Photoshop 中，可以发现其中的图标也同步更新了，同时还保留着前面的上色效果，如图 6-25 所示。保存当前文档。

💡 提示　在 Illustrator 中，只要把一个图标从一个画板移动到另一个画板，置入 Photoshop 中的图标就会随之发生改变。根据文件名中的画板编号，我们可以知道图标移动到了哪个画板中。

图 6-25

关于智能对象

经过前面的学习，我们知道，当把一个包含画板的 Illustrator 文件置入 Photoshop 时，Photoshop 会自动导入整个 Illustrator 文件，这个功能十分强大。也就是说，整个 Illustrator 文件会与 Photoshop 文档绑定在一起，永远不会丢失，这一点非常好。当使用复制、粘贴方式把一个 Illustrator 文件中的某一个图标作为智能对象导入 Photoshop 时，我们导入的就只有这个图标，Illustrator 文件中的其他内容不会被导入。

不过，需要注意的是，上例中 4 个图标来自同一个 Illustrator 文件，但是它们的行为表现却不一样。因此，尽管这 4 个图标同源，Photoshop 还是分别创建了 4 个不同的智能对象图层。下面我们做一个小测试，以进一步说明这个问题。

① 在 Photoshop 的【图层】面板中，选择某一个图标图层，然后在【属性】面板中，单击【编辑内容】按钮。Illustrator 弹出一个警告对话框，询问是否保留更改，选择【放弃更改】。

此时，整个嵌入文件在 Illustrator 中打开，并且聚焦在包含所选图标的那个画板上。

💡 提示　双击图层缩览图，也可以执行【编辑内容】命令。

② 在这个 Illustrator 文件中，编辑另外一个已经置入 Photoshop 中的图标。

③ 保存并关闭文件。然后回到 Photoshop 中。

此时，只有双击的那个图标的更改才在 Photoshop 中显示出来。

这是因为每次执行【置入嵌入对象】命令时，Photoshop 都会新建一个智能对象，且该智能对象与其他智能对象无任何关联，不管它们是否来自同一个 Illustrator 文档。

💡 注意　复制一个智能对象，然后对其进行编辑，原始智能对象及其所有副本都会受到影响。这是 Photoshop 智能对象的常见行为。如果你不希望某个智能对象副本上的修改影响其他相关对象，则创建智能对象副本时，请在菜单栏中依次选择【图层】>【智能对象】>【通过拷贝新建智能对象】。

④ 关闭文件，不保存更改。

6.2.7　置入与打开命令的区别

把 Illustrator 图稿导入 Photoshop 中还有一种方法，即直接在 Photoshop 中打开包含图稿的 Illustrator 文档。为此，只要在 Photoshop 的菜单栏中依次选择【文件】>【打开】，然后双击要用的 Illustrator 文件即可。

使用【打开】命令打开一个 Illustrator 文件时，有如下一些注意事项。

- 可以同时导入多个画板。
- 强制你指定一个把图稿栅格化的分辨率。把图稿栅格化后，缩放与变换图稿就不再是无损的了。
- 双击图层将无法返回 Illustrator 中，会给更新带来不便。所有与 Illustrator 的联系都会被切断。
- 把每个画板作为单独的 Photoshop 文档打开，而非把图稿导入当前打开的文档中。

在 Photoshop 中打开 Illustrator 文件的代价太高了，因为这样打开的图稿不再是矢量图形，也无法在 Illustrator 中进行编辑。

6.3 在 Photoshop 中链接 Illustrator 图稿

在 Photoshop 中嵌入整个 Illustrator 文件与链接 Illustrator 文件的效果大致是一样的。毕竟，把整个 Illustrator 文件嵌入 Photoshop 后，我们仍然可以在 Illustrator 中编辑原始 Illustrator 文件。但同时，两者也存在一些区别。

请注意，我们嵌入 Photoshop 中的文件是一个副本，而不是原始的 Illustrator 文档。编辑嵌入的 Illustrator 文档只会更新该图稿的实例。在前面的学习中，我们知道，每次执行【置入嵌入对象】命令，Photoshop 都会创建一个智能对象，各个智能对象之间没有任何关联，即便它们属于同一个 Illustrator 文档。

6.3.1 Photoshop 允许链接哪些类型的文件

第 2 课中我们学习了链接与嵌入的一些原则，并比较了它们的优劣。Photoshop 不仅支持链接 Illustrator 文档，还支持链接如下一些类型的文件：

- AI、EPS、SVG、PDF 等矢量文件；
- JPEG、TIFF、PNG 等图像文件；
- PSD 文件（更多内容在第 7 课中介绍）；
- MOV、MP4 等视频文件。

💡 提示 你可以使用前面学过的方法嵌入这些类型的文件。

相比嵌入方式，在 Photoshop 中链接 Illustrator 文件是一个更好的选择。接下来进行具体讲解。第 7 课中我们会学习几个在 Photoshop 中链接 PSD 文件的例子。

在 Photoshop 中，链接文件仍然是智能对象，这与嵌入文件是一样的。在 Photoshop 中，向智能对象添加滤镜和效果都是非破坏性操作，而且针对智能对象，Photoshop 提供了多种选项和命令。

💡 注意 本书假设你的 Photoshop 和 Illustrator 用的都是默认设置。如果你不知道如何恢复默认设置，请阅读本课开头"准备工作"中的内容。

6.3.2 准备工作

开始之前，我们还是先浏览最终图像，以及合成过程中需要使用的 AI 文件。

❶ 进入 Photoshop，在 Lesson06 文件夹中打开 L06-history-end.psd 文件。

这个文档中展现的是恐龙网站的另外一个页面，如图 6-26 所示。时间轴中有史前动物的插图。网页顶部还有一个网站 Logo。

图 6-26

❷ 进入 Illustrator，在 Lesson06\Imports 文件夹中打开 geochronological.ai 文档。

该 Illustrator 文档中包含上面网页中用到的各种动物插图，如图 6-27（左）所示。每个动物都在一个单独的画板上，有些插图是比较复杂的，由数百个独立的对象组成，如图 6-27（右）所示。

图 6-27

❸ 在 Illustrator 中，从 Lesson06\Imports 文件夹中打开 dino-logo.ai 文件，如图 6-28 所示。

图 6-28

这个网站 Logo 你应该很熟悉，我们在第 5 课中用过它。

④ 关闭文件。

6.3.3 置入与链接网站 Logo

首先，我们把网站 Logo 放到网页顶部。制作的第一个网页也需要进行同样的操作。

① 进入 Photoshop，在 Lesson06 文件夹中打开 L06-history-start.psd 文件。

② 在菜单栏中依次选择【文件】>【存储为】，把文件另存为 L06-historyWorking.psd。

③ 在【图层】面板中单击 Header 图层组。

④ 在菜单栏中依次选择【文件】>【置入链接的智能对象】。

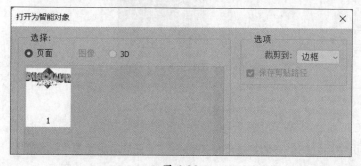

图 6-29

⑤ 在【置入链接的对象】对话框中，转到 Lesson06\Imports 文件夹，双击 dino-logo.ai 文件。

此时，弹出【打开为智能对象】对话框，如图 6-29 所示。使用【置入嵌入对象】命令时，弹出的也是这个对话框。这里，我们只置入图稿本身，不需要考虑画板大小，所以使用默认设置即可。

⑥ 单击【确定】按钮，把网页 Logo 导入 Photoshop 中。

⑦ 导入完成后，网站 Logo 自动处于自由变换模式，将其移动到网页顶部，且使其位于恐龙和 THE EXHIBITION 文本之间。

⑧ 在选项栏中，把 Logo 的宽度和高度修改为 110%，效果如图 6-30 所示。

图 6-30

⑨ 按 Return/Enter 键，使修改生效。

6.3.4 识别链接文件

下面我们讲解在 Photoshop 中如何识别嵌入文件和链接文件。

在【图层】面板中，可以看到网站 Logo 图层（dino-logo）的缩览图和其他智能对象的缩览图不一样。Logo 图层的缩览图上有一个锁链图标，如图 6-31 所示，这表示它是一个链接图层，而非嵌入图层。

当在【图层】面板中选择一个链接图层时，【属性】面板会显示出多个与链接相关的选项。

· 【属性】面板会明确指出当前图层是链接的智能对象，如图 6-32 所示。

· 【属性】面板中清楚地显示出了原始 Illustrator 文件的路径，该路径仅当使用链接的文件时才会显示。

· 有一个名为【嵌入】的按钮，如图 6-33 所示，单击该按钮，可把链接的文件转换成嵌入的智能对象。只有在使用链接文件时，才能使用这个按钮，而且需要向下拖动【属性】面板右侧的滚动条才能看到它。

图 6-31

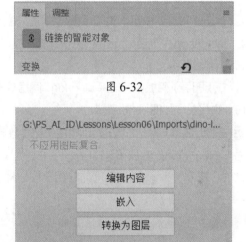

图 6-32

图 6-33

Photoshop 中的【属性】面板与 InDesign、Illustrator 中的【链接】面板非常相似，在其中，你可以查看链接路径、嵌入链接文件、重新链接文件，或者更新修改后的内容。

 提示 在【属性】面板中单击文件路径，可显示其他选项。

6.3.5 添加效果

下面在 Photoshop 中添加效果和滤镜。请注意，链接的文件仍然是智能对象，向其应用滤镜和效果是非破坏性的。

① 在 Photoshop 的【图层】面板中，选择 dino-logo 图层。

② 双击图层名称右侧的空白区域，打开【图层样式】对话框。

③ 在左侧样式列表中，单击【投影】文字（非文字左侧的复选框），向所选图层应用投影效果，如图 6-34 所示，对话框右侧区域中会显示与投影相关的选项。请确保【预览】选项处于勾选状态。

④ 在右侧区域中进行如下设置，如图 6-35 所示。

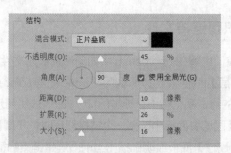

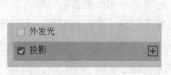

图 6-34   图 6-35

- 不透明度：45%。
- 角度：90 度。
- 距离：10 像素。
- 扩展：26%。
- 大小：16 像素。

⑤ 单击【确定】按钮，关闭【图层样式】对话框。

在 Photoshop 中改变 Logo 的大小，其清晰度可能会略微下降。接下来，向 Logo 应用一个锐化滤镜，增加它的清晰度。

⑥ 在【图层】面板中，确保 dino-logo 图层处于选中状态，在菜单栏中依次选择【滤镜】>【锐化】>【USM 锐化】，如图 6-36 所示。

⑦ 在弹出的【USM 锐化】对话框中，把【数量】设置为 80%，【半径】设置为 1.3 像素，【阈值】设置为 0，单击【确定】按钮。

此时，在 dino-logo 图层上同时应用了图层样式和智能滤镜，而且应用是非破坏性的，如图 6-37 所示。

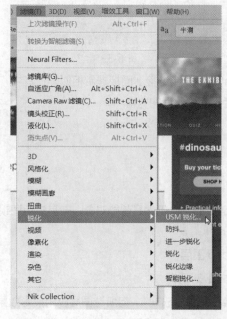

图 6-36

图 6-37

6.3.6 复制 Logo

刚刚我们在网站的一个页面中添加了网站 Logo，并做了相应调整。接下来我们复制这个 Logo，把它添加到其他网页中。也就是说，我们需要把 Logo 所在图层复制两次，然后把两个副本分别添加到相应的网页中。最终，Logo 会有 3 个实例，且位于不同的网页文件中。不同于嵌入文件，Logo 的 3 个实例都会链接到原始的 Illustrator 文档。

① 回到 Photoshop 中，打开 L06-exhibitionWorking.psd 文件。

> ⚲ 注意 L06–exhibitionWorking.psd 文件前面用过。如果之前没有保存，可以打开 Lesson06 文件夹中的 L06–exhibition–end.psd 文件。

② 在【图层】面板中，单击 Header 图层组。

当选择了某个图层或图层组后，粘贴 Logo 所在图层时，Photoshop 就会把它放到所选图层或图层组的上方。也就是说，这一步可指定把 Logo 所在图层粘贴到什么地方。

③ 回到 L06-historyWorking.psd 文件中。

④ 在【图层】面板中，确保 dino-logo 图层处于选中状态，在菜单栏中依次选择【图层】>【复制图层】，如图 6-38 所示。

⑤ 在【复制图层】对话框中，把目标文档设置为 L06-exhibitionWorking.psd，如图 6-39 所示。

图 6-38

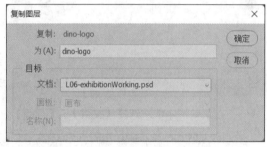

图 6-39

> ⚲ 注意 如果之前把 L06–exhibitionWorking.psd 命名成其他名称，请在目标文档列表中选择那个名称。

⑥ 从图层副本名称中删除"副本"二字，使图层名称仍为 dino-logo，单击【确定】按钮，复制图层。

⑦ 回到 L06-exhibitionWorking.psd 文件中。

在【图层】面板中，可以看到刚刚添加的 dino-logo 图层。

> ⚲ 提示 使用【复制图层】命令置入图层副本时，绝对位置与源文档完全一样。

⑧ 在 Lesson06 文件夹中打开 L06-quiz-start.psd 文档。

该文档稍后会用到。

⑨ 重复步骤④—⑥，把网站 Logo 复制到 L06-quiz-start.psd 文档中。

让 3 个 Photoshop 文档保持打开状态。

6.3.7 编辑原始 Logo

3 个 Photoshop 文档中的网站 Logo 链接到同一个 Illustrator 文档——dino-logo.ai，它位于 Lesson06\Imports 文件夹中。接下来，我们在 Illustrator 中对 dino-logo.ai 做一点儿小改动，查看这些改动是否会

图 6-40

在 Photoshop 文档中体现出来。

❶ 进入 Photoshop，在任意一个打开的 Photoshop 文档的【图层】面板中选择 dino-logo 图层。

❷ 在【属性】面板中，单击【编辑内容】按钮，如图 6-40 所示，在 Illustrator 中打开原始 Logo 文档（dino-logo.ai）。

进入 Illustrator 中，观察当前打开的文件的名称。这与前面的练习有点儿不一样，在前面的练习中，我们在 Illustrator 中看到的文件名和原始文档名不一样。而这里，我们看到的就是原始文件名，表示当前打开的是原始文档。

❸ 在 Illustrator 中，使用【选择工具】▶ 选择 TERROR 文本。

❹ 双击文本，进入编辑模式，把文本修改成 ISLAND，如图 6-41 所示。

图 6-41

💡注意　这个 Logo 是前面第 5 课中用过的 Logo 的一个副本，因此缺少当时添加的图层。

❺ 在菜单栏中依次选择【文件】>【存储】。

❻ 回到 Photoshop 中，查看 3 个文档，发现其中的 Logo 都更新了，如图 6-42 所示。

图 6-42

💡注意　若 Photoshop 文件没有自动更新，请打开【属性】面板，在里面手动更新链接的文件。

更改文本后，原先添加的投影和锐化效果仍然保留着，并且应用到了修改后的文本上。

❼ 保存所有文件，关闭除 L06-historyWorking.psd 之外的其他文件。

因为同一个 Illustrator 文件也可以链接到 InDesign 和 Photoshop（以及其他 Creative Cloud 应用程序）文档，所以只在 Illustrator 中修改，就可以同时更新用于网络、打印和视频输出的项目。

6.3.8　置入插图

接下来，我们在网页中置入史前动物插图。

❶ 在【图层】面板中，展开 Content 图层组，然后选择 animals 图层组（该图层组用于存放史前动物插图）。

❷ 在菜单栏中依次选择【文件】>【置入链接的智能对象】。

💡提示　在菜单栏中依次选择【编辑】>【键盘快捷键】，打开【键盘快捷键和菜单】对话框，在其中可以给常用的命令（比如【文件】>【置入链接的智能对象】）指定快捷键。

❸ 在【置入链接的对象】对话框中，转到 Lesson06\Imports 文件夹，双击 geochronological.ai 文件。

❹ 在【打开为智能对象】对话框中，选择第 1 个画板，如图 6-43 所示。

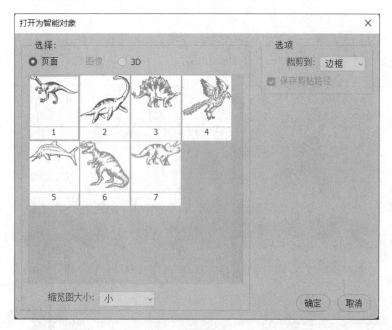

图 6-43

❺ 其他选项保持默认设置，单击【确定】按钮，置入所选插图。

💡提示　在【打开为智能对象】对话框中，双击要置入的画板缩览图，可将其快速置入 Photoshop 文档中。

❻ 在自由变换模式下，把恐龙移动到时间轴的左上角（TRIASSIC）。缩小恐龙插图，使其恰好放入文本 TRIASSIC 与 First dinosaurs 之间的空白区域中，如图 6-44 所示。按 Return/Enter 键，使修改生效。

❼ 在【图层】面板中，把 geochronological 图层拖入 animals 图层组中。展开 animals 图层组。

❽ 重复上述步骤，置入第 2 只恐龙，将其移动到文本 Ocean-living reptiles 的上方，如图 6-45 所示。然后，在【图层】面板中，将其拖入 animals 图层组中。

❾ 使用相同的方法置入第 3 只恐龙。把置入的恐龙放到文本 First birds 与 Other dinosaurs 之间。

❿ 在第 2 列顶部置入第 4 个动物（鸟）。

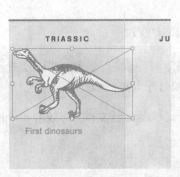

图 6-44   图 6-45

⑪ 在第 2 列底部置入第 5 个动物（类似海豚的生物），如图 6-46 所示。

⑫ 把其他两只恐龙置入第 3 列中，如图 6-47 所示。

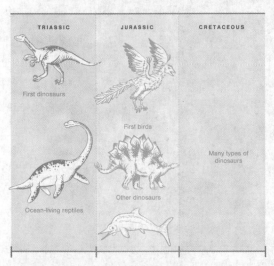

图 6-46   图 6-47

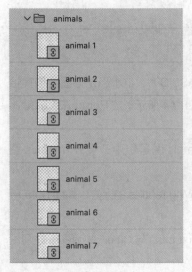

图 6-48

当前，animals 图层组中共有 7 个名为 geochronological 的图层。接下来，我们给这 7 个图层改名字。

⑬ 在 animals 图层组中，双击第一个图层名，使其进入编辑状态。

⑭ 输入 animal 1，然后按 Tab 键（不要按 Return/Enter 键），移动到下一个图层，并使其名称进入编辑状态。

💡提示   按 Shift+Tab 键，可移动至上一个图层，并使其名称进入编辑状态。

⑮ 在 animals 图层组中，把第二个图层的名称更改为 animal 2，然后按 Tab 键。

⑯ 不断重复这个过程，直到把最后一个图层的名称更改为 animal 7，然后按 Return/Enter 键，完成名称的修改，如图 6-48 所示。

6.3.9　编辑与更新置入的链接

下面我们修改一下史前动物的颜色。在 Photoshop 文档中置入史前动物时，7 个插图都在同一个 Illustrator 文档中，所以我们只需编辑一个文档，Photoshop 中的 7 个图层都会随之更新。

❶ 进入 Photoshop，在【图层】面板中任选一个史前动物图层。

❷ 在【属性】面板中，单击【编辑内容】按钮，在 Illustrator 中打开 geochronological.ai 文件，如图 6-49 所示。

图 6-49

❸ 在菜单栏中依次选择【视图】>【全部适合窗口大小】。

❹ 在菜单栏中依次选择【窗口】>【色板】，打开【色板】面板。

❺ 按 Command+A/Ctrl+A 组合键，全选文档中的所有对象。

❻ 在【色板】面板中，单击【新建颜色组】按钮，如图 6-50 所示，新建一个颜色组，用来存放所选颜色。

❼ 在【新建颜色组】对话框中，勾选【将印刷色转换为全局色】选项，如图 6-51 所示，单击【确定】按钮。

图 6-50

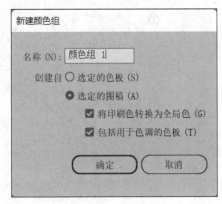

图 6-51

❽ 取消选择所有图稿。

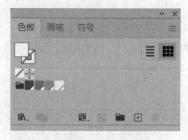

图 6-52

此时，Illustrator 会创建一个颜色组，其中包含所选图稿的所有颜色（4 种全局色板），如图 6-52 所示。接下来，修改一下色板，查看图稿颜色是否会发生变化。Illustrator 中色板的使用方法与 InDesign 中的非常相似。

⑨ 在颜色组中，双击第一个色板，打开【色板选项】对话框。

⑩ 在【色板选项】对话框中，把 R、G、B 颜色值分别修改为 100、75、60，如图 6-53 所示。然后，单击【确定】按钮。

⑪ 双击第二个色板。

⑫ 在【色板选项】对话框中，把 R、G、B 颜色值分别修改为 75、130、75，如图 6-54 所示。然后，单击【确定】按钮。

⑬ 双击第 3 个色板。

⑭ 在【色板选项】对话框中，把 R、G、B 颜色值分别修改为 215、115、0，如图 6-55 所示。然后，单击【确定】按钮。

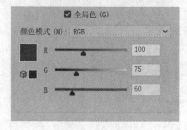

图 6-53

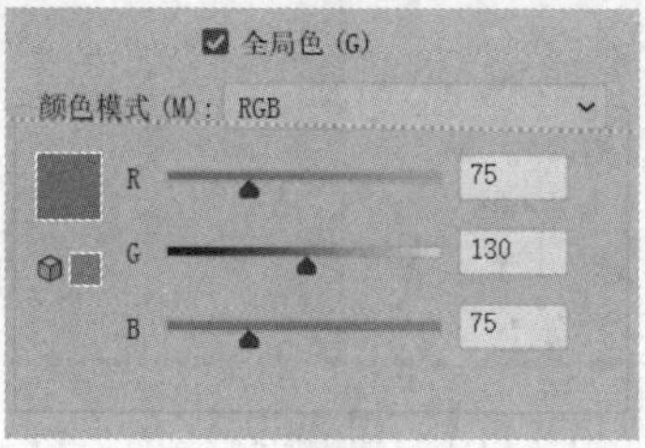

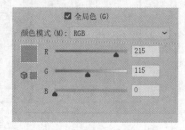

图 6-54

图 6-55

⑮ 保存文档，然后关闭它。

⑯ 回到 Photoshop 中，可以看到 7 个动物的颜色都发生了变化，如图 6-56 所示。

图 6-56

这个操作与上一个练习中编辑图标时不太一样。在这个练习中，我们可以编辑所有画板，并且能在 Photoshop 中看到同步更新，而在上一个练习中，我们需要分别编辑各个智能对象。

⑰ 保存并关闭文件。

链接与嵌入

在这个练习中，使用嵌入方式把图稿导入 Photoshop 中也能得到类似的结果。但最终我们选择了链接而非嵌入，有如下几个理由。

· 动物插图十分复杂，如果使用复制、粘贴方式把图稿导入 Photoshop 中，可能产生数百个独立图层（具体取决于粘贴设置）。

· 我们要控制插图颜色，因为我们打算在整个项目中修改它们。而且，我们希望更改后的颜色能够应用于所有史前动物，而不仅限于我们在 Photoshop 中选择的那一个。前面讲过，使用【置入嵌入对象】命令时，Photoshop 会创建独立的智能对象。也就是说，我们需要逐一修改 7 个插图来确保它们的颜色匹配。

· 其他应用程序（比如 InDesign）可能也会使用这些插图，我们不能把编辑工作完全限制在 Photoshop 内。使用嵌入方式时，我们对图稿的修改无法在 InDesign 中体现出来，因为我们修改的并不是源文件。

在 Photoshop 的【属性】面板中，单击【嵌入】按钮，可把链接的智能对象转换成嵌入的智能对象。这样一来，我们就把 Illustrator 文件与其他图层分离开来，此时修改图稿不会影响到原始 Illustrator 文档。如果要隔离置入文件的特定实例，这是一个很好的办法。

6.3.10　在 Photoshop 中修复丢失的链接

使用链接方式导入文档时，Photoshop 需要保持与被引用文件之间的链接，在 InDesign 与 Illustrator 中也一样。当把 Logo 文件以链接方式导入 Photoshop 后，请不要随便修改 Logo 文件的名字，也不要删除或移动它，否则会导致 Photoshop 报链接缺失错误。但在 Photoshop 中，这个错误不会造成严重后果。

当 InDesign 或 Illustrator 中出现链接缺失错误时，必须先解决这个问题才能正确打印文档或将其转换成 PDF 版。否则，InDesign 或 Illustrator 会使用链接文件的低分辨率预览版本（代理）进行输出，导致最终作品的分辨率很低。Photoshop 使用的是栅格图像，即使链接文件是矢量文件，其在 Photoshop 中看起来也是由一个个像素（取决于 Photoshop 文件的分辨率设置）组成的。也就是说，即使出现链接缺失错误，置入文件的视觉质量也不会受到影响，因为它已经被像素化了。

但显然，链接缺失可能会导致其他不良后果。

· 在 Photoshop 中无法编辑原始文档，也无法看到更新，因为我们一开始就找不到这个文件。

· 在 Photoshop 中打包时，不会把缺失的链接包含在内。

· 缩放图层（含缺失链接）会对图层的视觉质量产生负面影响，因为没有原始图层可用作渲染新尺寸的基础。

换言之，只要你不在 Photoshop 中操作含有缺失链接的图层，该图层的视觉外观就会保持不变。尽管如此，当你遇到链接缺失提示信息时，强烈建议你使用【属性】面板修复。

6.3.11 在 Photoshop 中打包项目

与 Illustrator、InDesign 一样，Photoshop 提供了项目打包功能，允许你把项目涉及的所有链接资源打包在一起，以便备份或发送给其他人。

❶ 在 Photoshop 中，打开一个包含链接的智能对象的文档。

❷ 在菜单栏中依次选择【文件】>【打包】。

❸ 在【选择打包目标】对话框中，单击存放打包文件的文件夹，然后单击【选择文件夹】按钮。

Photoshop 会收集所有链接的内容（包括主项目的一个副本），然后把它们放入选择的文件夹中。

6.4 把 Illustrator 图稿粘贴到 Photoshop 中

把 Illustrator 图稿导入 Photoshop 的最后一个方法是使用复制、粘贴命令。Illustrator 图稿是矢量图形，将其导入 Photoshop 时，需要把它转换成像素图像。这个过程中会涉及一些选项，你需要知道这些选项的含义，以及如何进行选择。接下来将详细讲解，以帮助大家更好地理解和选择相关选项。

6.4.1 嵌入、转换还是栅格化

把 Illustrator 中的内容粘贴到 Photoshop 之前，需要搞清楚希望对粘贴后的图稿有多大的控制程度。回答如下几个问题。

· 是否需要以智能对象的形式把图稿嵌入 Photoshop 中，以便在 Illustrator 中编辑矢量图形并在 Photoshop 中同步更新？

· 是否需要把所有矢量图形转换成 Photoshop 形状图层，以便在 Photoshop 中更改它们的填充和描边属性？

· 是否需要把所有矢量图形转换成栅格图像，以便直接使用那些无法作用于形状图层和智能对象的工具编辑像素？这类工具常用的有【仿制图章工具】【修复画笔工具】【海绵工具】等。

把 Illustrator 图稿粘贴到 Photoshop 前，要搞清楚需要嵌入、转换或栅格化哪些元素。这一点很关键，因为这有助于我们在 Photoshop 的【粘贴】对话框中做出正确的选择。

6.4.2 粘贴选项

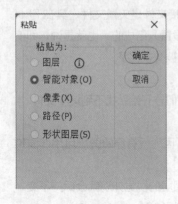

图 6-57

每次从 Illustrator 粘贴内容到 Photoshop 中时，Photoshop 都会弹出一个【粘贴】对话框，如图 6-57 所示。

> ♀注意 许多 Illustrator 对象在 Photoshop 中不受支持，导入 Photoshop 时会被转换成栅格图像（栅格化），比如某些渐变、符号、复合形状、效果等。

· 粘贴为图层：把所有对象转换成 Photoshop 中的形状图层，以便在 Photoshop 中使用【属性】面板编辑它们。Photoshop 还会保留原始的图层顺序、图层组和对象名称。但请注意，这可能会将数百个对象导入 Photoshop 中。

- 粘贴为智能对象：把选中的图稿转换成嵌入的智能对象。有关内容前面已经讲过。请注意，智能对象只包含你在 Illustrator 中选中的那个图稿（没有其他画板）。
- 粘贴为像素：把所有图稿栅格化，变成 Photoshop 中的一个图层。
- 粘贴为路径：把形状粘贴为矢量路径，类似于第 2 课中使用的 Photoshop 路径。
- 粘贴为形状图层：把形状粘贴为 Photoshop 形状图层，使用 Photoshop 中的矢量工具编辑。

> 💡 **注意** 本书假设你的 Photoshop 和 Illustrator 用的都是默认设置。如果你不知道如何恢复默认设置，请阅读本课开头"准备工作"中讲解的内容。

6.4.3 准备工作

首先，浏览最终合成画面，以及要用的文件。

❶ 进入 Photoshop，在 Lesson06 文件夹中打开 L06-quiz-end.psd 文档，如图 6-58 所示。

图 6-58

这个文档中展示的是恐龙网站的另外一个页面。网页中包含几只白色恐龙，它们是从 dinosaurs.ai 文档粘贴到 Photoshop 中的（粘贴为形状图层）。此外，选择题答案旁边还有小图标。

❷ 在 Illustrator 中，从 Lesson06\Imports 文件夹中打开 dinosaurs.ai 文件。

❸ 在菜单栏中依次选择【窗口】>【图层】，打开【图层】面板。

❹ 展开名为 dinosaurs 的图层，如图 6-59 所示。

其中包含一系列恐龙图形，我们将在网页中使用它们。每个恐龙对象都有一个对应名称。

图 6-59

⑤ 关闭 L06-quiz-end.psd 文件，不要关闭 dinosaurs.ai 文件。

6.4.4 粘贴为图层和形状图层

接下来，我们从 Illustrator 复制恐龙图形，然后粘贴到 Photoshop 中。

❶ 进入 Photoshop，在 Lesson06 文件夹中打开 L06-quiz-start.psd 文档。

❷ 在菜单栏中依次选择【文件】>【存储为】，把文件另存为 L06-quizWorking.psd。

❸ 回到 Illustrator 中，当前打开的是 dinosaurs.ai 文档。

现在，问问自己在 6.4.1 小节中提出的问题。这里，我们把恐龙图形导入 Photoshop 中，并把它们转换成 Photoshop 本地对象。这样，我们就可以在 Photoshop 中修改它们的颜色了。这种情况下，我们没有必要保留指向 Illustrator 文件的链接，因此不会把对象粘贴为智能对象。

❹ 使用【选择工具】▶ 选择腕龙（brachiosaurus）图形。

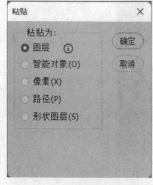

图 6-60

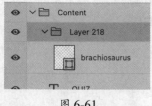

图 6-61

❺ 在菜单栏中依次选择【编辑】>【复制】，或者按 Command+C/Ctrl+C 组合键，复制腕龙图形。

❻ 回到 Photoshop 中。

❼ 在【图层】面板中，选择 Content 图层组中的 QUIZ 文字图层。

❽ 在菜单栏中依次选择【编辑】>【粘贴】，或者按 Command+V/Ctrl+V 组合键，粘贴腕龙图形。

❾ 在【粘贴】对话框中选择【图层】，如图 6-60 所示，然后单击【确定】按钮。

❿ 在【图层】面板中，可以看到新增加了一个图层组。这个图层组中包含所有粘贴的对象。展开新图层组，浏览其中的内容，如图 6-61 所示。

⓫ 由于新图层组中只有一个图层，所以不需要保留编组。在【图层】面板中选择新图层组，单击【删除图层】按钮（垃圾桶图标）。

⓬ Photoshop 会询问删除什么对象（【组和内容】或【仅组】），单击【仅组】按钮。此时，Photoshop 会保留对象名称，并把图层转换

成形状图层。

⑬ 双击 brachiosaurus 图层缩览图，打开【拾色器】对话框，选择白色，填充图形，单击【确定】按钮。

⑭ 按 Command+T/Ctrl+T 组合键，进入自由变换模式。

⑮ 把腕龙图形移动到第一个 "WHICH DINOSAUR DO YOU SEE?" 文本的左侧空白区域中，并调整图形大小，使其恰好可以放入空白区域，如图 6-62 所示。按 Return/Enter 键，使修改生效。

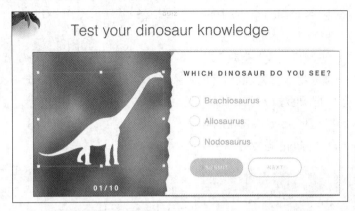

图 6-62

⑯ 回到 Illustrator 中，复制剑龙（stegosaurus）图形。

⑰ 返回到 Photoshop 中，按 Command+V/Ctrl+V 组合键，粘贴剑龙图形。

对于这次粘贴，我们选择另外一个选项。

⑱ 在【粘贴】对话框中选择【形状图层】，如图 6-63 所示，然后单击【确定】按钮。此时，剑龙图形以形状图层的形式出现在【图层】面板中，但是图层名称已经改变。执行【粘贴为形状图层】命令时，Photoshop 会新建一个全新的形状图层；而执行【粘贴为图层】命令时，Photoshop 会尽可能多地从 Illustrator 文档导入信息，包括原来的名称。

图 6-63

⑲ 把剑龙图形移动到第二个 "WHICH DINOSAUR DO YOU SEE?" 文本的左侧空白区域中。

⑳ 按 Command+T/Ctrl+T 组合键，进入自由变换模式，调整剑龙图形大小，使其恰好可以放入空白区域中，如图 6-64 所示。按 Return/Enter 键，使修改生效。

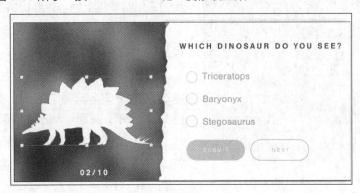

图 6-64

㉑ 双击图层名称，将其修改为 stegosaurus。按 Return/Enter 键，使修改生效。

㉒ 回到 Illustrator 中，选择翼手龙（pterodactyloidea）图形，复制它。

㉓ 回到 Photoshop 中，按 Command+ V/Ctrl+V 组合键，粘贴翼手龙图形。在【粘贴】对话框中，选择【图层】，单击【确定】按钮。

由于给图层重命名很麻烦，所以在【粘贴】对话框中，我们选择了【图层】而非【形状图层】。

㉔ 移除随翼手龙图形一起粘贴进来的图层组，然后把翼手龙图形移动到第 3 个 "WHICH DINOSAUR DO YOU SEE?" 文本的左侧空白区域中，调整其大小，使其可以放入空白区域中（翼手龙图形的一部分将被屏幕底部裁切掉），如图 6-65 所示。把颜色修改成白色。

㉕ 在 Illustrator 中，从 Lesson06\Imports 文件夹中打开 paleontology-icons.ai 文件。

图 6-65

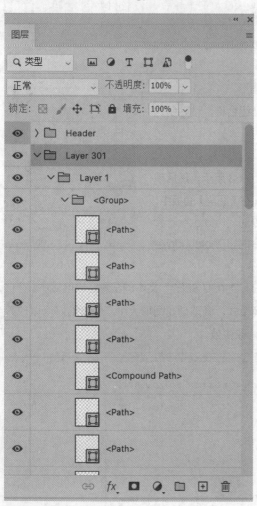

图 6-66

㉖ 从【画板导航】菜单（位于 Illustrator 界面底部）中找到 Dino-Circle 画板（第一个画板）。选择画板中的所有对象，按 Command+C/Ctrl+C 组合键，复制到剪贴板。

㉗ 返回 Photoshop 中，单击 Content 图层组，然后按 Command+V/Ctrl+V 组合键，粘贴恐龙图形。

㉘ 在【粘贴】对话框中选择【图层】，然后单击【确定】按钮。

㉙ 粘贴时，Photoshop 会把所有对象放入一个图层组中。在【图层】面板中，展开图层组及其子图层组，浏览其中的内容，如图 6-66 所示。

该图层组中包含图像中的大部分图层。<Group> 底部（图中未显示出来）是一个名为 <Path> 的对象。该 <Path> 对象是一个充当背景的圆，编组中的其他对象都是恐龙的骨骼。这里，我们只给背景圆上色，骨骼保持白色不变。

㉚ 在【图层】面板中，双击 <Path> 对象（背景圆），打开【拾色器】对话框。

㉛ 把鼠标指针移动到【拾色器】对话框外，单击网页中的 SUBMIT 按钮，吸取其橙色，如图 6-67 所示。然后，单击【确定】按钮。

㉜ 在【图层】面板中，选择包含图标元素的图层组（这里是 Layer 301，但你看到的名称可能和这里的不一样）。

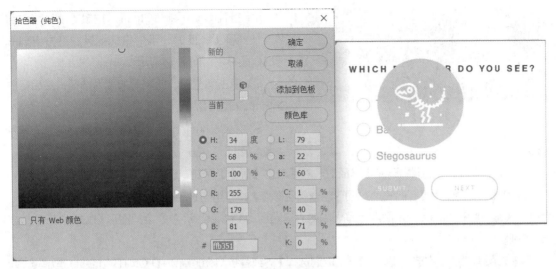

图 6-67

③③ 按 Command+T/Ctrl+T 组合键，进入自由变换模式，缩小图标，使其只比单选按钮大一点。

③④ 把图标移动到文本 Brachiosaurus 左侧的单选按钮上，如图 6-68 所示，然后按 Return/Enter 键，使修改生效。

③⑤ 双击 Layer 301 图层组，将其重命名为 choice icon，如图 6-69 所示。

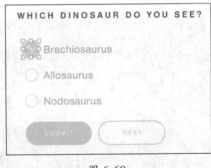

图 6-68

图 6-69

6.4.5 粘贴为路径

接下来，我们讲解最后一个粘贴选项——粘贴为路径。这次，我们会把一个恐龙图形粘贴到 Photoshop 中，用作矢量蒙版。

❶ 回到 Illustrator 中，从 dinosaurs.ai 文件中复制三角龙（triceratops）图形。

❷ 回到 Photoshop 中。

❸【图层】面板的 Content 图层组中有一个隐藏的 triceratops 图层，如图 6-70 所示。单击其左侧的方框，使其显示出来。

这是一个普通的图像图层，带有投影效果。

❹ 在【图层】面板中，选择 triceratops 图层。

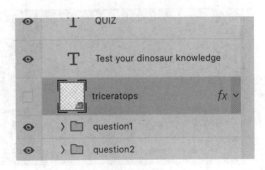

图 6-70

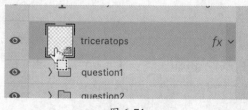

图 6-71

⑤ 按住 Command/Ctrl 键，把鼠标指针移动到图层缩览图上。此时，手形鼠标指针右下方出现一个选框图标，如图 6-71 所示。

⑥ 单击缩览图，把图层加载为选区，然后释放 Command/Ctrl 键。

⑦ 按 Command+V/Ctrl+V 组合键，粘贴三角龙图形。

⑧ 在【粘贴】对话框中选择【路径】，然后单击【确定】按钮。

Photoshop 会使用复制的三角龙图形创建矢量蒙版，并应用到 triceratops 图层上，如图 6-72 所示。而且，矢量蒙版在 triceratops 图层上是居中的。这是因为 Photoshop 总是会把图形粘贴到画布中心或选区中心。

⑨ 在菜单栏中依次选择【选择】>【取消选择】，或者按 Command+D/Ctrl+D 组合键，取消选择。

⑩ 在【工具】面板中选择【路径选择工具】。

此时，蓝色蒙版的所有控制点处于选中状态，并高亮显示，如图 6-73 所示。这是因为在【图层】面板中，蒙版当前处于选中状态。

图 6-72

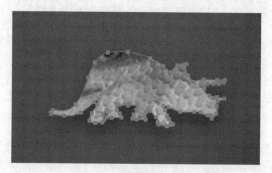

图 6-73

⑪ 在矢量蒙版处于选中状态的情况下，按 Command+T/Ctrl+T 组合键，进入自由变换模式。

⑫ 放大矢量蒙版，使其与绿色侧边栏的宽度匹配，如图 6-74 所示。向下移动，使其靠近 "Discover: Triceratops!" 文本，如图 6-75 所示。

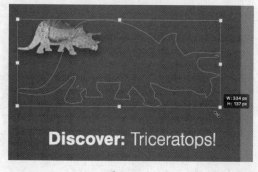

图 6-74

图 6-75

⑬ 按 Return/Enter 键，应用变换。

⑭ 取消选择图形。

⑮ 保存当前项目，关闭项目文件。

6.4.6　栅格化

前面介绍了多种把 Illustrator 图稿导入 Photoshop 并尽可能多地保留对矢量图稿的控制的方法，如嵌入、链接、粘贴。

还有一种方法，在把 Illustrator 图稿导入 Photoshop 时，Illustrator 图稿中的所有内容都会被栅格化，其中的所有图层（栅格化后的）和文本也会原封不动地保留下来。Illustrator 图稿一旦栅格化，我们将无法在 Photoshop 中编辑它。下面一起试一试。

① 回到 Illustrator 中，在 Lesson06\Imports 文件夹中打开 desk.ai 文件，如图 6-76 所示。

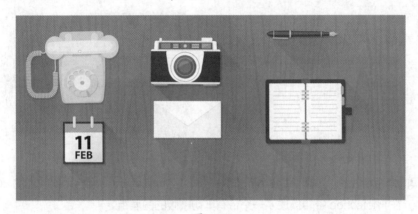

图 6-76

打开【图层】面板，可以看到其中包含多个不同的图层组。

② 展开 calendar 图层组，其中包含两个文本对象。

③ 在 background 图层组中，单击 <Rectangle> 对象右边的圆圈，将其指定为目标对象。在菜单栏中依次选择【窗口】>【透明度】，打开【透明度】面板。

【透明度】面板中显示当前混合模式为【正片叠底】。

④ 在菜单栏中依次选择【文件】>【导出】>【导出为】，打开【导出】对话框。

⑤ 在【保存类型】下拉列表中选择【Photoshop（*.PSD）】，如图 6-77 所示，单击【导出】按钮。

⑥ 在【Photoshop 导出选项】对话框中，选择【写入图层】并勾选【保留文本可编辑性】选项。把【分辨率】设置为【中（150 ppi）】。然后，单击【确定】按钮。

当选择【写入图层】时，默认【最大可编辑性】选项处于勾选状态。勾选该选项后，图稿中透明图层的透明度、不透明蒙版、混合模式都会保留下来。保持【最大可编辑性】选项处于勾选状态。

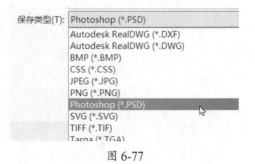

图 6-77

⑦ Illustrator 弹出一个警告对话框，告知你文档中的某些容器会被合并，单击【确定】按钮。

选择【写入图层】后，Illustrator 会把图稿中的各个顶级图层导出成 Photoshop 中的图层组。由于导出时勾选了【保留文本可编辑性】选项，因此在把导出的 PSD 文档导入 Photoshop 时，Photoshop 会把所有 Illustrator 文本对象转换成文字图层。

⑧ 进入 Photoshop，打开刚刚导出的 PSD 文档（desk.psd）。

请注意，画布的尺寸发生了变化。这是因为 Illustrator 创建的 PSD 文件需要适配所有 Illustrator 图稿。

⑨ 在【图层】面板中展开 calendar 图层组。

在其中，可以看到 Illustrator 文档中的两个文本对象已经转换成了 Photoshop 中的文字图层，如图 6-78 所示。

⑩ 展开 background 图层组，选择名为 <Rectangle> 的图层，如图 6-79 所示。

图 6-78

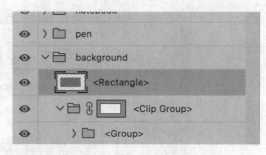

图 6-79

这个图层的混合模式是【正片叠加】，和原来一样。另外，Illustrator 中含木材纹理的 <Clip Group>（< 剪切组 >）在 Photoshop 中转换成了一个带有剪切蒙版的图层组。

在 Illustrator 中以 PSD 格式导出图稿时，虽然所有图稿会被栅格化，但是图层名称、位置、不透明度、混合模式、动态文本都会被保留下来。如果需要在 Photoshop 中使用 Illustrator 制作的草图、UX 项目界面元素、基本网页布局，建议在 Illustrator 中使用【导出】命令将它们以 PSD 格式导出。

6.5　复习题

❶ 在把 Illustrator 图稿导入 Photoshop 时，相比【粘贴为智能对象】命令，使用【置入嵌入对象】命令有什么优势？

❷ 在把一个 Illustrator 文档置入多个 Photoshop 文档时，相比【置入嵌入对象】命令，使用【置入链接的智能对象】命令为什么更好？

❸ 请指出使用【粘贴为图层】命令把 Illustrator 图稿粘贴到 Photoshop 的一个缺点。

❹ 把 Illustrator 图稿粘贴到 Photoshop 时，【粘贴为路径】和【粘贴为形状图层】两个命令有什么不同？

❺ 在 Illustrator 中，使用【文件】>【导出】>【导出为】命令导出文件时，其中的图稿和图层结构等会发生什么变化？

6.6　复习题答案

❶ 使用【置入嵌入对象】命令把 Illustrator 文件置入 Photoshop 时，整个 Illustrator 文件会被嵌入 Photoshop 中。这样，在 Photoshop 中双击智能对象，可访问其他所有 Illustrator 画板。而使用【粘贴为智能对象】命令时，需要先选择希望导入的图稿，只有选中的图稿才会被导入 Photoshop 中。

❷ 使用【置入链接的智能对象】命令把一个 Illustrator 文档置入 Photoshop 文档后，在 Illustrator 中修改这个文档，则这些改动会在所有链接了该 Illustrator 文档的 Photoshop 文档中体现出来。而在使用【置入嵌入对象】命令时，一次只能更新一个文档。你甚至可以把同一个 Illustrator 文件链接至多个应用程序中，比如 Photoshop、InDesign、Illustrator 等 Creative Cloud 应用程序。

❸ 使用【粘贴为图层】命令把 Illustrator 图稿粘贴到 Photoshop 时，可能会把几十或几百个图层导入 Photoshop 中，这大大增加了管理图层的难度。

❹ 使用【粘贴为路径】命令把 Illustrator 图稿粘贴到 Photoshop 后，可在 Photoshop 中使用【路径】面板管理导入的矢量路径。这样就可以把粘贴的路径用作矢量蒙版或剪贴蒙版，或者转换成选区。使用【粘贴为路径】命令不会产生额外的图层。使用【粘贴为形状图层】命令时，Photoshop 会把粘贴的图稿转换成形状图层，你可以修改其填充颜色。

❺ 在 Illustrator 中，使用【文件】>【导出】>【导出为】命令把整个 Illustrator 文件导出为 Photoshop 文件时，原有图稿、图层结构、名称、图层透明度和文字对象都会得到保留。

第 7 课

嵌套文档

课程概览

本课讲解如下内容：

- 了解文档嵌套原则；
- 把多个 Photoshop 文档链接到另一个 Photoshop 文档；
- 嵌套 Photoshop 文档时使用图层复合；
- 把多个 InDesign 文档链接到另一个 InDesign 文档；
- 嵌套 Illustrator 文档以简化布局；
- 打包嵌套的 InDesign、Illustrator 和 Photoshop 文档。

学习本课大约需要 **45** 分钟

　　在一个文档中置入另外一个同类型的文档（比如在一个 PSD 文档中置入另外一个 PSD 文档），有助于提高工作效率，增加项目更新的便捷性。

7.1　什么是文档嵌套

前面我们学习了如何把一个应用程序的文档导入另外一个应用程序的文档中，导入方法有多种，比如粘贴、链接、嵌入。掌握了这些方法后，接下来，我们深入了解一下有关文档嵌套的内容。"文档嵌套"是一个非官方的行业术语，通常指把某个类型的文档以链接或嵌入的方式置入另外一个同类型的文档中。下面举一个 InDesign 文档嵌套的例子。一个 InDesign 版式布局中通常会有一些置入图像，它们来自 Illustrator 文件、Photoshop 文件、JPEG 文件等，而且这些图像一般都是以链接方式置入的。你可以把这个 InDesign 版式布局置入（嵌套）另外一个 InDesign 版式布局中（而非复制和粘贴布局的所有组成元素）使用，如图 7-1 所示。

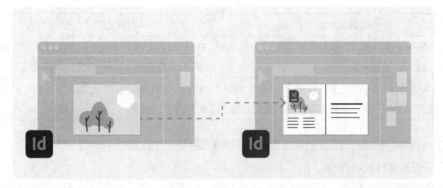

图 7-1

在一个文档中嵌套另外一个文档类似于以链接方式置入另外一个文档，此时另外一个文档就相当于当前文档的一个链接文件。在 InDesign 中嵌套文件时，InDesign 会提供一些专门的选项，以便进行选择，同时【链接】面板也会把嵌套文件清晰地列出来。当把一个 InDesign 文档（A 文档）嵌套进另外一个 InDesign 文档（B 文档）后，A 文档中所有图形的深度就是 2，因为它们先被放入 A 文档中，然后又随着 A 文档一起被放入 B 文档中。想一想俄罗斯套娃，一个娃娃套在另一个娃娃里面，然后整体套进另一个更大的娃娃中，如此往复。

再举一个例子，如图 7-2 所示。

❶ 把一个 Illustrator Logo 或图标置入一个 Photoshop 横幅广告设计稿中。

❷ 把 Photoshop 横幅广告设计稿置入两个不同的 Photoshop 文档中，每个文档代表一个不同的网页设计版本。

❸ 把设计好的网页放入不同的实体模型图像（PSD 文件）中。比如有一张笔记本计算机的图像，你可以把网页叠加到笔记本计算机的屏幕上。

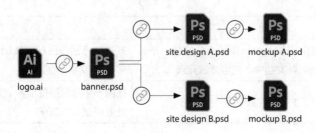

图 7-2

当修改原始 Logo 或图标时，Photoshop 横幅广告设计稿会更新，网页会更新，两个实体模型图像也会更新。

7.1.1 嵌套与复制、粘贴

很显然，相比嵌套某个文档的单个实例，嵌套该文档的多个实例会更加灵活并且能够给我们带来更多创作自由。下面我们列举不同 Adobe 应用程序中的嵌套场景，了解它们各自的优势。

7.1.1.1 InDesign 案例

表 7-1

案例	嵌套至单个 ID 文档	嵌套至多个 ID 文档
InDesign	把一个小广告（ID 文档）嵌套到一个报纸版面（ID 文档）中	在一个 ID 文档中创建页眉或页脚，然后将其嵌套到多个 ID 文档中，这些 ID 文档共同组成产品目录
优势	不用复制几十个对象，避免了同名的文本样式混合在一起，并简化了文档的创建过程	把一个文件链接到多个文档，实现"一处修改，处处修改"的效果

在 InDesign 中，把一个 ID 文档的页面与布局复制到另一个 ID 文档中，有如下风险。

• ID 文档变得越来越复杂。

• 选择要复制的图稿时，可能会漏选一些对象，或是由于疏忽，或是由于它们处于隐藏或锁定状态。

• 在目标文档中粘贴对象时，若这些对象中包含与目标文档中同名的文本样式和色板，InDesign 会把目标文档的格式应用于粘贴的对象。

例如，源文档中有一个名为 Title 的文本样式，目标文档中也有一个名为 Title 的文本样式，它们选用的字体不同，前一个选用的是 Helvetica 字体，后一个选用的是 Myriad Pro 字体，当从源文档粘贴文本到目标文档时，InDesign 就会向粘贴的文本应用 Myriad Pro 字体。而且，在这个过程中，InDesign 不会发出任何警告信息。

• 在某些设置下，从另外一个文档粘贴内容时，可能会带入不需要的图层。

• 源文档中延伸至出血区域的对象可能会被放至目标文档的其他位置，这样我们就需要调整对象的宽度和高度以弥补出血损失。

7.1.1.2 Illustrator 案例

表 7-2

案例	嵌套至单个 AI 文档	嵌套至多个 AI 文档
Illustrator	把一个复杂的 Illustrator 图稿（AI 文档）嵌套到另外一个 AI 文档中，充当背景元素	制作信息图或图标等装饰元素，然后嵌套到其他多个 AI 文档中使用
优势	大大降低了主布局的复杂度	把同一个对象链接至多个文档，实现"一处修改，处处修改"的效果

在 Illustrator 中，把一个 AI 文档的全部内容复制到另一个 AI 文档中，有如下风险。

- Illustrator 文档越来越复杂，其中包含的矢量顶点和图层的数量可能会迅速增加。
- 粘贴过来的对象可能会与其他对象重叠，因此需要添加剪切蒙版进行隔离。
- 当从源文档复制对象到目标文档时，若对象上应用了与目标文档中同名的色板，则会导致色板冲突。

7.1.1.3　Photoshop 案例

表 7-3

案例	嵌套至单个 PSD 文档	嵌套至多个 PSD 文档
Photoshop	把一个拥有复杂图层结构的 PSD 文档嵌套到另外一个 PSD 文档中。举个例子，添加几十个图层来修饰一幅画，然后将其嵌套进一个描绘画廊的 PSD 文档中。你可以缩放和调整这幅画的透视关系，使其看起来像是挂在画廊墙上一样	为不同媒介设计不同版本时，把共同的部分（如页眉或页脚）单独放在一个文档中，然后存放到一个中心服务器上，供不同设计师下载使用
优势	大大降低了文档复杂度，节省了内存，而且有了一条快速返回原始项目的捷径	把同一个对象链接至多个文档，实现"一处修改，处处修改"的效果

从一个 PSD 文档把图层复制（或拖放）到另外一个 PSD 文档中，有如下风险。

- Photoshop 文档会迅速变大。
- 复制大量内容时，可能会弹出剪贴板已满的错误提示。
- 当源文档和目标文档的画布尺寸相差过大时，在目标文档中很难找到那些超出画布之外的对象。
- 在移动与缩放多个带有蒙版的图层时，若蒙版未与应用该蒙版的图层链接在一起，则可能会出现意想不到的结果。

7.2　嵌套 InDesign 文档

接下来，我们具体了解如何在 InDesign 中嵌套文档，以及嵌套会带来什么好处。

7.2.1　链接至单个文档

首先，我们学习如何在 InDesign 中把一个广告文档嵌套到一个杂志页面中。这里要用到的广告文档就是我们在第 5 课中制作的传单。因此，你应该对组成广告文档的各个 Illustrator 文件和 Photoshop 文件很熟悉了。

为了更好地了解项目细节，我们先看一下两个 InDesign 文档。

❶ 启动 InDesign，按 Control+Option+Shift+Command（macOS）或 Alt+Shift+Ctrl（Windows）组合键，恢复默认首选项。

❷ 在出现的询问对话框中单击【是】按钮，删除 InDesign 首选项文件。

❸ 在 InDesign 中，从 Lesson07\01 InDesign\Imports 文件夹中打开 food-ad.indd 文档，如图 7-3 所示。

这个文档应用了出血设置。

❹ 在菜单栏中依次选择【窗口】>【图层】，打开【图

图 7-3

层】面板。

这个文档中包含两个图层，一个是背景对象图层（处于锁定状态），另一个是前景对象图层。使用复制、粘贴命令（非【置入】命令）把这个文档的内容导入杂志页面时，很可能会漏掉那些位于锁定图层上的对象。另请注意，这个广告文档中没有任何对象延伸到出血区域。

⑤ 在菜单栏中依次选择【窗口】>【链接】，打开【链接】面板。

这个文档中有 4 个置入文件：Illustrator 图标文档的两个实例（图标分别位于独立的画板上）、一个 Photoshop 文档、一个包含 Logo 的 Illustrator 文档。该文档链接的文件位于 Lesson07\01 In-Design\Imports\Links 文件夹中。

⑥ 关闭文件。

⑦ 在 Lesson07\01 InDesign 文件夹中打开 L07-magazine-start.indd 文档，转到第 4 页，如图 7-4 所示。

第 4 页是专门为赞助商广告保留的，所有广告内容都放在这一页上。

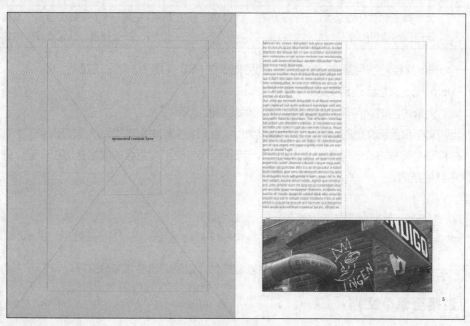

图 7-4

7.2.2 置入广告

① 在 L07-magazine-start.indd 文档处于打开状态的情况下，在菜单栏中依次选择【文件】>【存储为】，把文档另存为 L07-magazineWorking.indd。

② 在第 4 页上，选择包含 sponsored content here 的文本框，将其删除。

③ 使用【选择工具】 ▶ 选择灰色图形框。

④ 在菜单栏中依次选择【文件】>【置入】。

⑤ 在 Lesson07\01 InDesign\Imports 文件夹中选择 food-ad.indd 文档。

⑥ 在对话框下部勾选【显示导入选项】选项，然后单击【打开】按钮，如图 7-5 所示。

⑦ 在【置入 InDesign 文档】对话框中，单击【裁切到】下拉列表。

此时，【裁切到】下拉列表中包含的菜单项和置入 Illustrator 文档时略有不同。在一个 InDesign 文档中置入另外一个 InDesign 文档时，InDesign 会把被置入文档的出血和辅助信息区中的设置一起保留下来。因为广告中的元素没有延伸到出血区域，所以我们可以在页面定界框上保留这些设置。

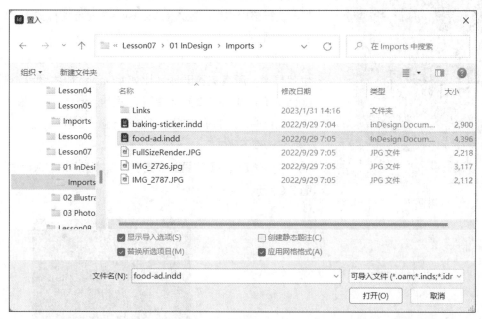

图 7-5

💡 提示　在 InDesign 文档置入完成后，我们将无法再次修改【裁切到】选项。如果想修改，则必须重新置入 InDesign 文档。同样，置入一个 Illustrator 文档后，如果想更换一个画板，也必须重新置入该 Illustrator 文档。

⑧ 在【裁切到】下拉列表中选择【页面定界框】，如图 7-6 所示。

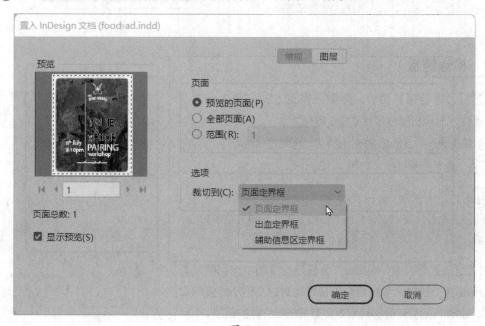

图 7-6

图 7-7

⑨ 单击【确定】按钮，置入所选文档，如图 7-7 所示。

⑩ 在【属性】面板的【框架适应】区域中，单击【内容适合框架】按钮（左起第 3 个），如图 7-8 所示，放大广告填满框架。执行该操作后，置入的 InDesign 文档会略微放大，以充满整个可用空间。

置入的 InDesign 文档和 PDF 文档在行为方式上是一样的。也就是说，所有矢量元素（比如 InDesign 原生图稿、置入的 Illustrator 文档）的缩放操作都是无损的。但是，在嵌套的 InDesign 文档中，所有栅格图像（像素图像）都不宜太大，否则会导致分辨率下降。

⑪ 将【填色】设置为【无】，去掉图形框的灰色填充，如图 7-9 所示。

图 7-9

图 7-8

7.2.3　检查链接

❶ 打开【链接】面板，查看所有置入的文档。此时，food-ad.indd 已经出现在了【链接】面板中。

❷ 单击 food-ad.indd 左侧的箭头，再单击 icons.ai（2）左侧的箭头，查看所有链接，如图 7-10 所示。

> 💡注意　打开一个 InDesign 文档时，可能需要更新里面的某些链接。遇到这种情况时，请使用【链接】面板更新文档中的所有链接。

在【链接】面板中，InDesign 会显示出文档中用到的所有链接和子链接。这样，我们可以很轻松地跟踪文档所链接的每个文件。此外，我们还能够获取更多有关链接文件的信息。

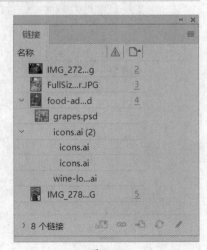

图 7-10

③ 打开【链接】面板菜单，从中选择【面板选项】，如图 7-11 所示，打开【面板选项】对话框。

图 7-11

【面板选项】对话框中列出了许多可在【链接】面板中显示的链接信息。在【显示栏】中勾选选项，【链接】面板中可显示出相应信息列，这有助于我们更好地组织链接。

④ 向下拖动滚动条，在【显示栏】中找到【链接类型】和【子链接 #】选项，勾选它们，如图 7-12 所示。

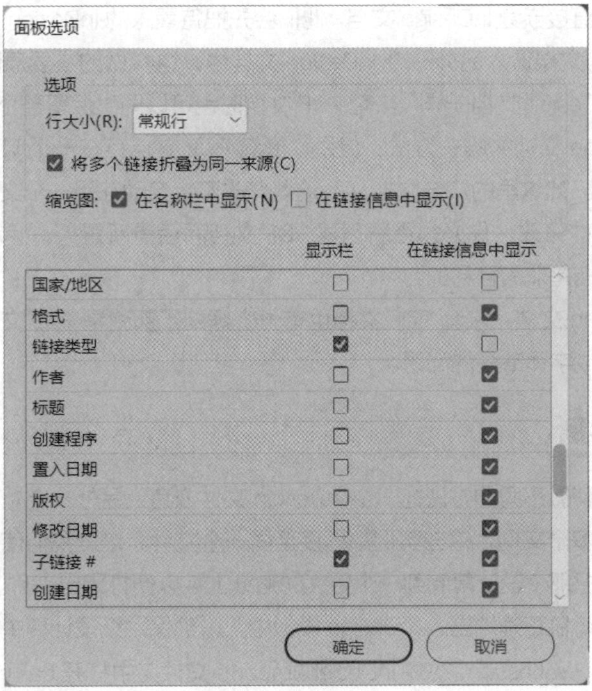

图 7-12

⑤ 单击【确定】按钮，关闭【面板选项】对话框。

⑥ 向下拖动【链接】面板的下边缘，增加其高度，使刚添加的信息全部显示出来。

💡 提示　子链接是嵌套的 InDesign 文档中指向某个文件的链接。

当前，food-ad.indd 文档中一共有 4 个子级链接，它们都是子链接，如图 7-13 所示。

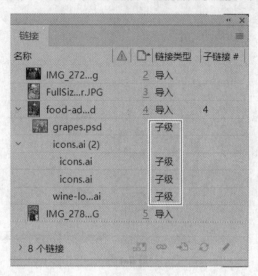

图 7-13

⑦ 保存文档，然后关闭它。

7.2.4　置入时为何不用 PDF 文档代替 InDesign 文档

有些设计师不喜欢直接嵌套 InDesign 文档，他们会先把待置入的 InDesign 文档转换成 PDF 文档，然后再把转换后的 PDF 文档置入另外一个 InDesign 文档中。这样做的主要原因是他们大多不熟悉嵌套技术。与直接嵌套 InDesign 文档一样，嵌套 PDF 文档时也可以同时保留整个页面布局和矢量信息，这也是代替嵌套 InDesign 文档的唯一方法。但是，嵌套 PDF 文档存在一个明显的缺点，那就是难以更新。当你修改原始文档（如这里的广告文档）后，这些修改不会自动在另一个文档（如这里的杂志文档）中体现出来。要体现这些修改，你必须重新创建 PDF 文档而后重新置入。使用嵌套 InDesign 文档这种方法时，更新嵌套文档是非常容易的。

但相比嵌套 InDesign 文档，嵌套 PDF 文档也有一个好处，那就是 PDF 文档是一个独立文件，因此不需要担心出现链接或字体缺失的问题。

7.2.5　链接多个实例

下面我们采用一种稍微不同的方法把一个 InDesign 文件嵌套到另外一个 InDesign 文件中。这次，我们要置入一个布局的多个实例，这些实例都链接至同一个文件。这里我们使用第 5 课中创建的贴纸设计稿，假设我们需要把那个设计复制到一个更大的贴纸上，以便打印出来。

我们必须把贴纸设计稿正确地置入 InDesign 模板中，以确保贴纸设计稿中的出血设置得以保留。

① 在 InDesign 中，从 Lesson07\01 InDesign\Imports 文件夹中打开 baking-sticker.indd 文档，如图 7-14 所示。

图 7-14

整个贴纸设计稿由多个 Illustrator 对象、一个 Photoshop 图像、一个粉红色背景（延伸至出血区域）组成。

② 在菜单栏中依次选择【窗口】>【工作区】>【重置"基本功能"】，重置工作区。

③ 在菜单栏中依次选择【文件】>【文档设置】，打开【文档设置】对话框。当前文档尺寸是 4 英寸 ×2.5 英寸。展开【出血和辅助信息区】，可以看到当前应用的出血是 0.125 英寸。

④ 单击【确定】按钮，关闭【文档设置】对话框。

⑤ 关闭文件，不进行保存。

⑥ 在 Lesson07\01 InDesign 文件夹中打开 L07-sticker-template-end.indd，如图 7-15 所示。

图 7-15

这个文档显示的是最终制作好的样子。所有贴纸整齐地排列在一张纸上，它们链接至同一个文件。

而且，贴纸周围留有出血区域。请注意，贴纸上下边缘处没有修边，因为它们有相同的背景颜色。

⑦ 关闭文件。

7.2.6 置入贴纸

① 在 Lesson07\01 InDesign 文件夹中打开 L07-sticker-template-start.indd 文件。

② 在菜单栏中依次选择【文件】>【存储为】，把文件另存为 L07-sticker-templateWorking.indd。

③ 在菜单栏中依次选择【文件】>【置入】，从 Lesson07\01 InDesign\Imports 文件夹中选择 baking-sticker.indd 文件。

④ 在对话框下部勾选【显示导入选项】选项，然后单击【打开】按钮，如图 7-16 所示。

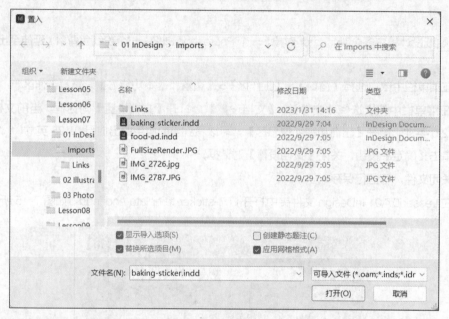

图 7-16

图 7-17

⑤ 在弹出的【置入 InDesign 文档】对话框中，从【裁切到】下拉列表中选择【出血定界框】，如图 7-17 所示。

> 💡注意 置入贴纸时，若选择了【页面定界框】，即使扩大框架，也无法显示出血区域。【页面定界框】本身不包含出血区域。

⑥ 单击【确定】按钮，然后在文档中的任意位置单击，置入贴纸。

在【属性】面板中，可以看到贴纸文档的尺寸是 4.25 英寸 ×2.75 英寸。这个尺寸是页面尺寸与周围出血区域尺寸的总和。为了方便在页面中置入与复制贴纸，需要临时隐藏贴纸的出血区域。为了实现这一点，我们只需把框架缩小至原始文档的边界（不含添加的出血区域）。

⑦ 在【属性】面板的【变换】区域中，单击中心参考点，如图 7-18 所示。

⑧ 把嵌套文档的宽度（W）修改成 4 英寸，高度（H）修改成 2.5 英寸。这表示贴纸的裁剪区域，暂时隐藏出血区域。

⑨ 在【属性】面板中，把参考点设置至左上角。

⑩ 把贴纸的【X】与【Y】值设置为 0.5 英寸，如图 7-19 所示，将其放在页面正确的位置上。

图 7-18

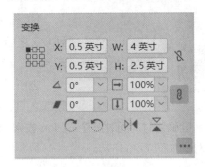

图 7-19

⑪ 在菜单栏中依次选择【编辑】>
【多重复制】。在【多重复制】对话
框中勾选【预览】选项。

⑫ 把【计数】设置为 3，【垂直】
设置为 2.5 英寸，【水平】设置为 0 英寸，
如图 7-20 所示。

⑬ 单击【确定】按钮，关闭【多
重复制】对话框。

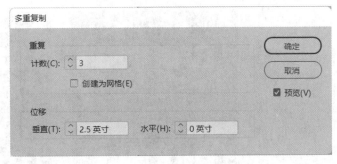

图 7-20

此时，页面中共有 4 张贴纸，它们彼此紧密地贴在一起，如图 7-21 所示。接下来，我们复制另
外一组（4 张）出来，把它们移动到第一组右侧，确保两组之间的距离为 0.5 英寸。

图 7-21

⑭ 使用【选择工具】▶ 同时选中 4 张贴纸。

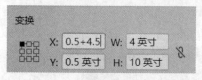

图 7-22

⑮ 在【属性】面板中，在【X】文本框中把鼠标指针移动到 0.5 之后，输入 +4.5，如图 7-22 所示，按 Option+Return 或 Alt+Enter 组合键，使修改生效。

之所以输入 +4.5，是因为贴纸本身宽度是 4 英寸，两组贴纸之间的距离为 0.5 英寸，两者加起来恰好是 4.5 英寸。按 Return 或 Enter 键确认时，同时按住 Option 或 Alt 键，可把贴纸复制至对应坐标处，而非仅把贴纸移动至对应坐标处，如图 7-23 所示。

图 7-23

7.2.7 添加出血

在页面中安排好贴纸后，接下来，我们该在贴纸的外边缘添加出血了。前面我们把出血隐藏了起来，这里通过扩大图形框，使其显示出来。

❶ 使用【选择工具】▶ 选择顶部的两张贴纸。

❷ 向上拖动选择框的上边缘，显示出额外的出血，如图 7-24 所示。

图 7-24

③ 取消选择顶部的两张贴纸。

④ 同时选中左侧 4 张贴纸，然后向左拖动选择框的左边缘，显示出左出血。

⑤ 向右拖动选择框的右边缘，显示出右出血，取消选择贴纸。

⑥ 选择右侧 4 张贴纸，使用相同的方法，分别向左和向右拖动选择框的边缘，显示出左右出血。

然后，取消选择贴纸。

⑦ 同时选中底部的两张贴纸（左右各一个）。

⑧ 向下拖动选择框的下边缘，显示出底部出血，然后取消选择贴纸，如图 7-25 所示。

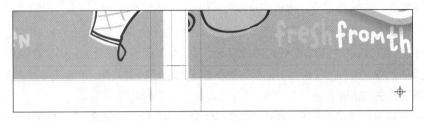

图 7-25

7.2.8 修改贴纸

接下来，我们对贴纸做一点儿小改动，给大家展示一下更新嵌套文档是多么简单。

① 使用【选择工具】 ▶ 任选一张贴纸。不管选择哪张都行，因为所有贴纸都指向同一个文件。

② 单击鼠标右键，从弹出菜单中选择【编辑原稿】。

执行该命令后，InDesign 会在原制作程序（这里是 InDesign）中打开原稿。

💡 提示　任选一张贴纸，按住 Option/Alt 键，双击贴纸，也可执行【编辑原稿】命令。

③ 使用【选择工具】 ▶ 把搅拌、防烫手套与围裙的位置互换一下。

根据个人喜好，随意缩放、旋转某些对象，如图 7-26 所示。

图 7-26

④ 保存当前文档。

⑤ 回到 L07-sticker-templateWorking.indd 文档中，可以看到所有贴纸都已更新。

⑥ 保存并关闭所有文档。然后关闭 InDesign。

7.2.9 管理嵌套文件中的字体和图像

一个嵌套的 InDesign 文档中十有八九会使用字体或者有自己独特的内容。要保证嵌套文件的完整性，请不要断开其与字体、相关文件之间的链接关系。这与先把 InDesign 文档转换成 PDF 文档然后置入有很大的不同，因为 PDF 文档本身已经嵌入了相关字体和相关文件。

前面说过，嵌套文档的子链接都会在【链接】面板中显示出来。知道这一点很重要，因为嵌套文档时很可能会遇到链接缺失的情况。在这种情况下，【链接】面板就派上大用场了。但需要注意的是，我们无法直接通过嵌套文件的【链接】面板来更新或重新链接缺失文件。而是需要先打开嵌套文档，然后在其中修复缺失的链接。

此外，在不打开文件的情况下，查找嵌套文件中缺失的字体会很困难。不过 InDesign 具备一定的智能，在执行打包、打印、导出操作时，它会自动识别缺失的字体。

7.2.10 打包嵌套的 InDesign 文档

前面第 3 课中介绍了如何打包 InDesign 文档，同时指出了要收集哪些信息。打包的一些基本原则同样适用于存在文档嵌套的情况。打包期间，InDesign 会收集所有子链接涉及的文件，以及嵌套文件（包括嵌套文件中的嵌套文件）中用到的字体，当然前提是这些文件都是 InDesign 文档。如果遇到的是 Photoshop 文件或 Illustrator 文件，那 InDesign 将无法检测到这些文件中的链接，也就无法把它们包含进去了。图 7-27 有助于大家理解这一点。打包 annual report.indd 文件时，InDesign 会把带有绿色对钩的文件一起打包。而对于图中带有红色问号的文件，InDesign 不会打包它们。

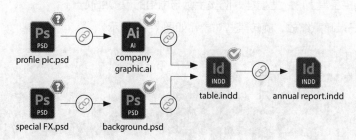

图 7-27

如果你希望把带红色问号的文件一起放入 InDesign 打包文件中，请先使用 Illustrator 和 Photoshop 分别打包 company graphic.ai、background.psd 文件，然后把它们手动添加到 InDesign 包中。

7.3 嵌套 Illustrator 文档

把一个 Illustrator 文档置入（嵌套）另一个 Illustrator 文档并不常见。但这样做确实有助于我们简化复杂的 Illustrator 文档。假设 A、B 都是 Illustrator 文档，把 A 文档嵌套进 B 文档时，A 文档中的矢量对象能够完全保留，同时不会向 B 文档添加数百个对象。

7.3.1 用嵌套简化图稿

下面我们把一个复杂的 Illustrator 图稿嵌套进另外一个 Illustrator 文档中，作为背景使用。

❶ 启动 Illustrator，在菜单栏中依次选择【Illustrator】>【首选项】>【常规】（macOS），或者选择【编辑】>【首选项】>【常规】（Windows）。

❷ 在【首选项】对话框中，单击【重置首选项】按钮。然后重启 Illustrator。

❸ 在 Lesson07\02 Illustrator\Imports 文件夹中打开 city-elements.ai 文档，如图 7-28 所示。

图 7-28

❹ 在菜单栏中依次选择【窗口】>【图层】，打开【图层】面板。

❺ 按住 Option/Alt 键，单击 Layer 1 左侧的箭头，展开该图层及其所有子图层，如图 7-29 所示。

这个文档中包含数百个独立的对象。把这些对象复制到另外一个 Illustrator 文档中会增加 Illustrator 文档的复杂度。

❻ 在 Lesson07\02 Illustrator 文件夹中打开 07-site-end.ai 文档。

这个文档中呈现的是项目最终制作好的样子，如图 7-30 所示。该文档的背景来自 city-elements.ai 文档。

❼ 使用【选择工具】▶ 选择置入的背景图稿。

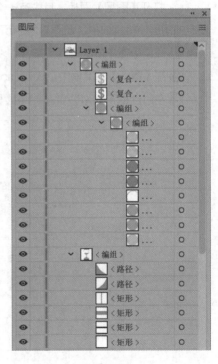

图 7-29

图 7-30

图 7-31

⑧ 在【属性】面板中，可以看到当前选中的图稿是一个链接文件，如图 7-31 所示。

⑨ 关闭 07-site-end.ai 文档。

7.3.2　置入背景文件

① 在 Lesson07\02 Illustrator 文件夹中打开 L07-site-start.ai 文档。

② 在菜单栏中依次选择【文件】>【存储为】，把文件另存为 L07-siteWorking.ai。

③ 打开【图层】面板，其中有一个图层未锁定。单击未锁定的图层，将其选中，如图 7-32 所示。

图 7-32

④ 在菜单栏中依次选择【文件】>【置入】。

⑤ 在【置入】对话框中，从 Lesson07\02 Illustrator\Imports 文件夹中选择 city-elements.ai 文档。

⑥ 在对话框下部勾选【链接】和【显示导入选项】选项，如图 7-33 所示。然后，单击【置入】按钮。

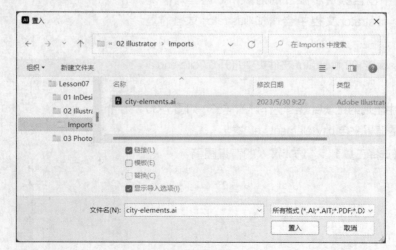

图 7-33

⑦ 在【置入 PDF】对话框中，从【裁剪到】下拉列表中选择【边框】，只置入图稿，同时忽略画板边界，如图 7-34 所示，单击【确定】按钮。

⑧ 在 L07-siteWorking.ai 文档中的任意位置单击，置入背景图稿。

⑨ 把背景图稿移动到画板左侧，保持选中状态，如图 7-35 所示。

图 7-34

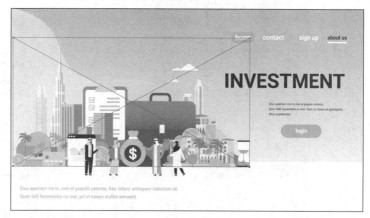

图 7-35

⑩ 在菜单栏中依次选择【效果】>【风格化】>【投影】，打开【投影】对话框，如图 7-36 所示。

⑪ 在【投影】对话框中单击颜色框。在【拾色器】对话框中，把阴影颜色修改为 #DBB5A1，这个颜色与背景很配。单击【确定】按钮，关闭【拾色器】对话框。在【投影】对话框中，单击【确定】按钮。

⑫ 打开【图层】面板，展开 details 图层，其中只包含一个对象，如图 7-37 所示。

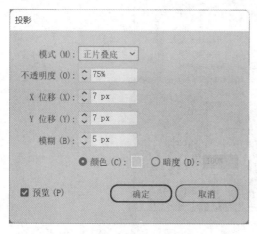

图 7-36

图 7-37

⑬ 在背景处于选中状态的情况下，在【属性】面板中，单击【链接的文件】，临时打开【链接】面板。

⑭ 在【链接】面板中，单击左下角的三角形，展开面板，显示背景的更多信息，如图 7-38所示。

⑮ 在【链接】面板中，单击【编辑原稿】按钮，如图 7-39 所示，打开 city-elements.ai 文件。

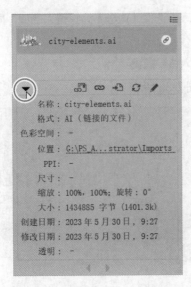

图 7-38

图 7-39

7.3.3　更新背景文件

❶ 在 city-elements.ai 文件中选择剪贴板对象。

❷ 按住 Shift 键，放大剪贴板，使其高度大致与旁边的塔身一致，如图 7-40 所示。

图 7-40

❸ 保存文件，回到 L07-siteWorking.ai 文档中。

> 💡 注意　返回 L07-siteWorking.ai 文档时，Illustrator 会提示某些文件已经发生修改，并询问是否更新这些文件。单击【是】按钮可更新文件。

❹ 在【属性】面板中，单击【链接的文件】，打开【链接】面板。

❺ 在【链接】面板中，可以看到置入的链接已经过时，需要更新。单击【更新链接】按钮，如图 7-41所示。

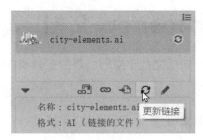

图 7-41

此时，背景图稿更新，同时投影效果保持不变，如图 7-42 所示。

图 7-42

⑥ 保存并关闭所有文件，然后关闭 Illustrator。

7.3.4　打包嵌套的 Illustrator 文件

前面讲过，在 Illustrator 中打包一个文档时，Illustrator 会把所有链接的内容和字体打包在一起。但是，在打包嵌套文件时一定要小心，因为相比 InDesign，Illustrator 在打包时受到的限制会更多。在 InDesign 中，所有嵌套文件及其链接文件都会被打包。而在 Illustrator 中，只会打包嵌套的 Illustrator 文件，而不包括相关链接文件。

为了更好地理解这一点，请看图 7-43，它描绘的是打包 website.ai 文件的情况。website.ai 文件中嵌套了一个名为 background.ai 的文档。而 background.ai 文件中嵌套了一个 Illustrator 文件（brush.ai），以及链接了一个 Photoshop 文档（texture.psd）。打包 website.ai 文件时，Illustrator 不会一同打包 brush.ai 与 texture.psd 两个文件，它们需要单独打包。

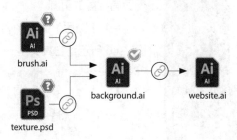

图 7-43

7.4 嵌套 Photoshop 文档

嵌套 Photoshop 文档有助于简化文档，或形成新的工作流程。下面我们一起学习如何嵌套 Photoshop 文档。

7.4.1 把一个 PSD 文档嵌套在多个 PSD 文档中

这一小节学习如何使用链接把一个 PSD 文档嵌套进其他多个 PSD 文档中。这样，只要更新被嵌套的 PSD 文档，其他所有嵌套该 PSD 文档的地方都会随之更新。这不仅会简化设计（主合成中需要管理的图层数目减少），而且会将多个文件指向同一个源文件。

① 启动 Photoshop，在菜单栏中依次选择【Photoshop】>【首选项】>【常规】（macOS），或者选择【编辑】>【首选项】>【常规】（Windows），打开【首选项】对话框。

② 在【首选项】对话框中，单击【在退出时重置首选项】按钮。然后重启 Photoshop。

③ 在 Lesson07\03 Photoshop\Imports 文件夹中打开 footer.psd 文档，如图 7-44 所示。

图 7-44

图 7-45

这个网页页脚文档包含 3 个图层，每个代表不同的网站页面，分别用在 3 个不同的 Photoshop 文档中。这里我们不用复制、粘贴命令把页脚文档中的各个对象导入其他 Photoshop 文档中，而是使用链接方式把页脚文档嵌套至其他 Photoshop 文档中。这样更新时会很方便，能够实现"一处修改，处处修改"的效果。

④ 在 Lesson07\03 Photoshop 文件夹中打开 L07-exhibition-end.psd 文档，如图 7-45 所示。

这个文档展示的是网站的 3 个网页之一。另外两个网页分别是 history、quiz，前面已经介绍过。这 3 个网页有相同的页脚。

⑤【图层】面板中有一个名为 footer 的图层，如图 7-46 所示，它其实是一个嵌套的 Photoshop 文档。

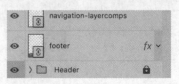

图 7-46

⑥ 关闭 L07-exhibition-end.psd 文件。

7.4.2 嵌套页脚文档

① 在 Lesson07\03 Photoshop 文件夹中打开 L07-exhibition-start.psd 文档。

② 在菜单栏中依次选择【文件】>【存储为】，把文件另存为 L07-exhibitionWorking.psd。

③ 在菜单栏中依次选择【文件】>【置入链接的智能对象】。

④ 在弹出的【置入链接的对象】对话框中，转到 Lesson07\03 Photoshop\Imports 文件夹，双击 footer.psd 文件。

> 💡注意 当然，你还可以选择【置入嵌入对象】命令，把 footer.psd 文件嵌入网页中。但由于我们要把同一个页脚放入 3 个不同的网页中，所以这里我们选用【置入链接的智能对象】命令而非【置入嵌入对象】命令。

⑤ 在自由变换模式下，把页脚拖动至网页底部，如图 7-47 所示。然后，按 Return/Enter 键，退出自由变换模式。

在【图层】面板中可以看到刚刚置入的页脚，其名称为 footer。在【属性】面板中，将其标识为【链接的智能对象】。

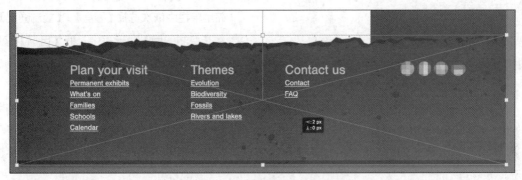

图 7-47

⑥ 在【图层】面板中，双击 footer 图层名称右侧的空白区域，打开【图层样式】对话框。

⑦ 在左侧样式列表中，单击【投影】文字（非其左侧的复选框），向页脚应用投影效果，同时对话框右侧区域中显示出投影的各个控制选项。

⑧ 把【不透明度】设置为 35%，【角度】设置为 90 度。

⑨ 把【距离】设置为 2 像素，【扩展】设置为 20%，【大小】设置为 27 像素，如图 7-48 所示。

⑩ 把【杂色】设置为 15%，然后单击【确定】按钮，关闭【图层样式】对话框。最终效果如图 7-49 所示。

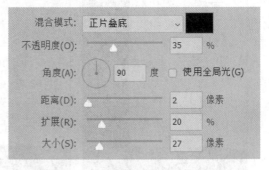

图 7-48

图 7-49

7.4.3 把页脚文件复制到其他 PSD 文档

接下来，我们把页脚文件复制到其他两个网页中。这样，所有网页的页脚都将指向同一个 PSD 文档——footer.psd。

❶ 在 Lesson07\03 Photoshop 文件夹中打开 L07-history-start.psd 与 L07-quiz-start.psd 两个文档。

❷ 把它们分别另存为 L07-historyWorking.psd 与 L07-quizWorking.psd。

图 7-50

❸ 返回 L07-exhibitionWorking.psd 文件，在【图层】面板中选择 footer 图层。

❹ 在菜单栏中依次选择【图层】>【复制图层】。

❺ 在【复制图层】对话框中，把【目标】区域中的【文档】设置成 L07-quizWorking.psd，如图 7-50所示，单击【确定】按钮。

❻ 使用同样的方法把 footer 图层复制到 L07-historyWorking.psd 文件中。

❼ 分别进入另外两个页面中，使用【移动工具】把页脚移动到各个页面的底部，如图 7-51所示。

图 7-51

7.4.4 做些修改

接下来，我们修改一下源文档，3 个网页中的页脚会同步更新。

❶ 回到 footer.psd 文档中。

❷ 在【工具】面板中选择【横排文字工具】 T.。

❸ 在页脚中找到单词 FAQ，紧接其后单击一下。按 Return/Enter 键，输入"Ask a question"，如图 7-52 所示。

图 7-52

❹ 保存当前文档。

❺ 返回各个网页中，可以看到这些页面中的页脚都发生了更新，如图 7-53 所示。

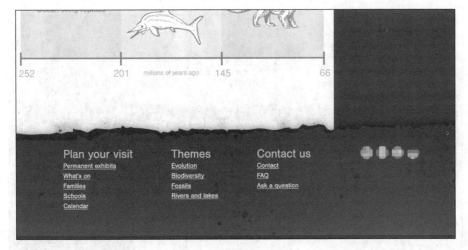

图 7-53

> ♀注意　若网页页脚没有自动更新，请打开【属性】面板，使用鼠标右键单击文件路径，从弹出的菜单中选择【更新修改的内容】。

❻ 保存并关闭所有文档。不要删除这些文件，接下来，我们还会用到它们。

7.4.5 嵌套文件与图层复合

在这一小节中，我们会把嵌套文件与图层复合（第 3 课中讲过）结合起来使用，其功能将十分强大。嵌套好一个文件后，我们可以通过图层复合来控制嵌套文件中图层的可见性。这样，即使不打开嵌套文件，也能轻松地切换到不同的图层复合。

❶ 在 Photoshop 的菜单栏中依次选择【窗口】>【工作区】>【复位基本功能】。

❷ 在 Lesson07\03 Photoshop\Imports 文件夹中打开 navigation-layercomps.psd 文档，如图 7-54 所示。

图 7-54

图 7-55

这个文档中包含的是网页导航栏，接下来我们需要把它嵌套到 3 个网页中。

③ 在菜单栏中依次选择【窗口】>【图层复合】。

④ 单击任意一个图层复合左侧的空白方框，如图 7-55 所示。

每次单击，文档中橙色圆角矩形的位置都会发生改变，其中包含的文本变成黑色，同时其他所有文本则变成白色。

⑤ 在 Lesson07\03 Photoshop 文件夹中打开 L07-exhibition-end.psd 文档，如图 7-56 所示。

图 7-56

网页导航栏位于网页上部。在【图层】面板中可以看到网页导航栏（navigation-layercomps.psd）嵌套在这个文档中，如图 7-57 所示。同样，其他两个网页也嵌套了这个导航栏。

⑥ 在【图层】面板中，单击 navigation-layercomps 图层。

⑦ 在【属性】面板中，从路径下方的菜单中选择某个图层复合，即可切换到该图层复合，如图 7-58 所示。

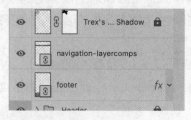

图 7-57

图 7-58

⑧ 关闭所有文件，不进行保存。

7.4.6　创建图层复合

第 3 课制作甜甜圈项目时，我们学习了如何使用图层复合记录图层的可见性。其实，我们还可以使用图层复合来记录图层的位置和图层样式。

① 在 Lesson07\03 Photoshop\Imports 文件夹中打开 navigation.psd 文档。

在【图层】面板中，可以看到 4 个文字图层都应用了【颜色叠加】效果，如图 7-59 所示。使用这种方法给文字图层上色能够使得我们在创建图层复合时记录图层样式属性（【颜色叠加】是其中之一）。

② 在菜单栏中依次选择【窗口】>【图层复合】，打开【图层复合】面板。

接下来，我们使用图层复合记录当前图层的可见性。当前，橙色圆角矩形（button 图层）位于 HOME 文本之后。此外，HOME 文本的颜色为黑色（应用了【颜色叠加】效果），其他所有文本都是白色（同样应用了【颜色叠加】效果）。

③ 在【图层复合】面板中，单击面板菜单按钮，如图 7-60 所示，从面板菜单中选择【新建图层复合】，打开【新建图层复合】对话框。

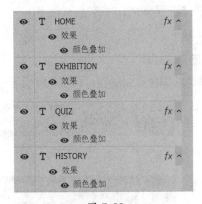

图 7-59

图 7-60

④ 把图层复合命名为 HOME。

⑤ 取消勾选【可见性】选项，勾选【位置】和【外观（图层样式）】选项，如图 7-61 所示。

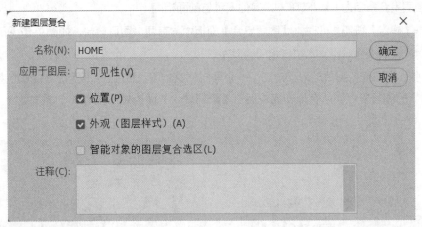

图 7-61

这里我们只需要改变文本的当前【颜色叠加】效果，把橙色圆角矩形移动至另外一个位置，所以取消勾选【可见性】选项。

⑥ 单击【确定】按钮，关闭【新建图层复合】对话框。此时，刚刚创建的图层复合就出现在了【图层复合】面板中，如图 7-62 所示。

⑦ 在【图层】面板中选择 button 图层，使用【移动工具】⊕，将其移动到文本 EXHIBITION 下，并使它们居中对齐，如图 7-63 所示。

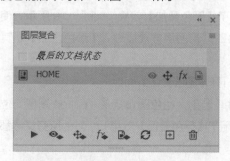

图 7-62

图 7-63

接下来，使用【颜色叠加】效果把文本 EXHIBITION 的颜色变成黑色，文本 HOME 的颜色变成白色。

⑧ 双击 EXHIBITION 图层的【颜色叠加】效果，打开【图层样式】对话框。

⑨ 单击白色颜色框，把颜色修改成黑色，如图 7-64 所示。

⑩ 依次单击【确定】按钮，关闭所有对话框。得到的效果如图 7-65 所示。

⑪ 双击 HOME 图层的【颜色叠加】效果，把文本颜色从黑色改成白色，如图 7-66 所示。

图 7-64

图 7-65

图 7-66

⑫ 在【图层复合】面板底部单击【创建新的图层复合】按钮，打开【新建图层复合】对话框。

⑬ 把图层复合命名为 EXHIBITION，其他设置与前面相同。

⑭ 单击【确定】按钮。此时，【图层复合】面板中共有两个图层复合，如图 7-67 所示。

⑮ 针对其余两个导航栏文本执行相同的操作。

大致步骤：先把橙色圆角矩形移动到下一个导航栏文本下。然后，修改相应的【颜色叠加】效果，最后保存成新的图层复合。所有操作完成后，【图层复合】面板中应该有 4 个图层复合，如图 7-68 所示。

图 7-67

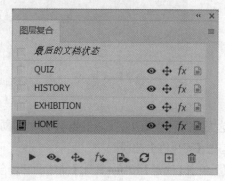

图 7-68

⑯ 在菜单栏中依次选择【文件】>【存储为】，把文件另存为 navigation-layercomps.psd。

7.4.7 嵌套与切换图层复合

接下来，我们把导航栏添加到 3 个网页中，并在【属性】面板中应用正确的图层复合。

❶ 在 Photoshop 中打开 L07-exhibitionWorking.psd 文档。

❷ 在菜单栏中依次选择【文件】>【置入链接的智能对象】。

❸ 在【置入链接的对象】对话框中找到 navigation-layercomps.psd 文件，双击它，将其置入网页中。

❹ 在自由变换模式下，把导航栏移动到白色背景顶部，如图 7-69 所示。按 Return/Enter 键，退出自由变换模式。

图 7-69

❺ 在【图层】面板中，把 navigation-layercomps 图层移动到 Trex 图层下方，如图 7-70 所示。

❻ 在【属性】面板中，打开路径下方的菜单，选择 EXHIBITION 图层复合，如图 7-71 所示。

图 7-70

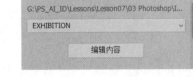

图 7-71

此时，导航栏更新，橙色圆角矩形移动至 EXHIBITION 文本下。

❼ 打开 L07-quizWorking.psd 与 L07-historyWorking.psd 文档。

❽ 返回 L07-exhibitionWorking.psd 中，在菜单栏中依次选择【图层】>【复制图层】。

❾ 把【目标】区域中的【文档】设置为 L07-quizWorking.psd，单击【确定】按钮。

❿ 使用同样的方法把【目标】区域中的【文档】设置为 L07-historyWorking.psd。

⑪ 切换至 L07-quizWorking.psd 文档，在【图层】面板中，确保 navigation-layercomps 图层位于 Trex 图层的下方。

⑫ 打开【属性】面板，把图层复合设置为 QUIZ，效果如图 7-72 所示。

图 7-72

⑬ 切换至 L07-historyWorking.psd 文档，重复步骤 ⑪ 与 ⑫，把图层复合设置为 HISTORY。

7.4.8 打包包含嵌套 PSD 文件的项目

在 Photoshop 中，打包包含嵌套 Photoshop 文档的文档完全不是问题。打包时，Photoshop 会深入搜索以找到嵌套文档所链接的文件。因此，相比 Illustrator，Photoshop 中的打包更加彻底。

图 7-73 展示了在 Photoshop 中打包时 Photoshop 搜索的层次。在这个示例项目中，website.psd 是主项目。website.psd 文档内部嵌套了一个名为 navigation.psd 的文档。而 navigation.psd 文档中又嵌套了两个 PSD 文档。这两个 PSD 文档中，其中一个 PSD 文档链接了一个 Illustrator 文件，另一个 PSD 文档嵌套了另一个 PSD 文档。打包时，Photoshop 会收集所有文档，并为整个项目构建一个包。

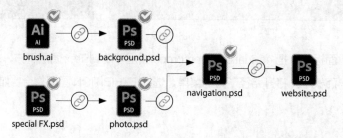

图 7-73

7.5　复习题

① 相比 PDF 文档，为什么嵌套 InDesign 文档会更容易？

② 嵌套 InDesign 文档时，如何把出血区域保留下来？

③ 嵌套 Illustrator 文件后，如何更换成另外一个画板？

④ Photoshop 提供了什么功能帮助我们把嵌套的文档替换成另外一个版本？

⑤ 打包时，内部嵌套文档中的字体、链接文件是否会一起打包？

7.6　复习题答案

① 相比直接嵌套 InDesign 文档，先把 InDesign 文档转换成 PDF 文档再进行嵌套，最后得到的效果是一样的。但是，每次修改原始 InDesign 文档时，都需要将其重新转换成 PDF 文档并嵌套至目标文档中，这样才能在目标文档中反映这些修改。

② 嵌套 InDesign 文档时，在【置入 InDesign 文档】对话框中，从【裁切到】下拉列表中选择【出血定界框】，即可把嵌套的 InDesign 文档的出血区域保留下来。

③ 嵌套 Illustrator 文件后，更换画板的唯一途径是重新链接文件，然后在【置入 PDF】对话框中选择另外一个画板。

④ 在 Photoshop 中，使用【图层复合】功能可以给同一个文档制作多个版本，每一个图层复合代表一个版本。当把一个包含图层复合的 PSD 文档嵌套进另外一个 PSD 文档后，在【属性】面板中可以切换至不同的图层复合。

⑤ 不是每个应用程序都会把嵌套文档中包含的字体和链接文件一同打包，尤其是当嵌套文件中还嵌套着其他文档时。打包时，要特别注意嵌套文件中包含的子链接以及字体，看是否需要把它们也打包。

第 8 课

使用 Creative Cloud 库

课程概览

本课讲解如下内容：

- 了解 Creative Cloud 库的工作方式；
- 把不同类型的资源保存到 Creative Cloud 库中；
- 在 InDesign、Photoshop、Illustrator 之间共享资源；
- 保存资源至 Creative Cloud 库并添加元数据；
- 在 InDesign、Photoshop、Illustrator 中置入与链接库资源；
- 在不同设计应用程序之间更新资源。

学习本课大约需要 **45** 分钟

　　配合使用 Photoshop、Illustrator、InDesign 时，使用 Creative Cloud 库（把资源保存至 Creative Cloud 库，或者从 Creative Cloud 库获取资源）有助于构建更复杂的工作流程。

8.1 什么是 Creative Cloud 库

Creative Cloud 库（Creative Cloud Libraries）是托管在 Adobe 云服务器上的虚拟库。在 Creative Cloud 库中，你可以存放各种设计资源。在一个项目中，当使用不同的 Adobe 应用程序时，你可以轻松找到最相关的设计资源。大多数设计师习惯把他们的文件和设计稿存放到本地文件夹或公司服务器中，让他们转换到基于云（Creative Cloud 库）的工作流程可能需要一些时间。强烈建议你使用 Creative Cloud 库，而不要再用本地文件夹或公司服务器了。学完本课内容后，你就会明白为什么。前面课程中，我们了解到，导入本地资源时，置入与粘贴两种方式之间存在许多差异。那么，当使用 Creative Cloud 库中的资源时，情况会是怎么样的呢？本课会给出答案。

在第 9 课讲解使用 Creative Cloud 库和云文档协作时，我们会进一步探讨这些内容。

8.1.1 Creative Cloud 库的作用

几乎所有 Adobe 应用程序都支持 Creative Cloud 库，除了传统桌面应用程序外，最近推出的一些移动版应用程序也开始支持 Creative Cloud 库。在 Creative Cloud 库的帮助下，我们可以更好地配合使用 Adobe 系列软件，在不同软件之间共享文件、图层、设置。这些都是传统的云服务提供商无法实现的。

比如有这样一个场景：你使用 Adobe Illustrator 设计好了一个图标，打算把它用在一个更大的设计项目中。有了 Creative Cloud 库，你就可以把这个图标保存到某个库中，然后在不同的设计应用程序中重复使用它。

- 你可以把它置入一个 InDesign 文档中，以便打印输出。
- 你可以把它置入一个 Photoshop 文档中，用作网页设计中的一个元素。
- 你可以把它导入 Premiere Pro 或 After Effects 中，用作动画或视频的一个元素。
- 你可以把它导入 Adobe XD 中，用作 UX/UI 项目的一个元素。
- 你可以把它导入 Creative Cloud Express 中，用于创建社交媒体的推文。
- 你还可以把它用在 Microsoft Office 系列软件（比如 Word、PowerPoint）中，这些软件都支持 Creative Cloud 库。

上面这些项目都是使用不同的 Adobe 应用程序（以及 Microsoft Office 应用程序）创建的，这样可以轻松实现多渠道发布。而且，这些项目都链接至同一个图标文件，因此更新图标非常方便。只要修改一下图标源文件，所有使用该图标的项目都会自动更新。有关共享库的更多内容，请参考第 9 课中的相关内容。

本课主要讲解有关在 InDesign、Photoshop、Illustrator 中交换资源的内容，具体来说就是如何通过 Creative Cloud 库在不同应用程序之间交换资源，这些方法与前面介绍的方法有所不同。

8.1.2 Creative Cloud 库的优势

近来，随着科技的发展，越来越多的公司把软件解决方案和数据存储转移到了云端。同时，在远程办公逐渐成为常态的情况下，越来越多的设计师开始采用云端工作模式。尤其是在设计行业，越来越多的设计公司和从业者开始把资源存储到云端，并积极采用在线协作这种新的工作方式。事实上，相比使用 VPN 访问公司服务器（访问速度往往很慢），使用 Microsoft SharePoint 等云端解决方案访问设计资源的效率会更高。那么，对设计师来说，相比其他云端解决方案，使用 Creative Cloud 库有什么优势？Creative Cloud 库有如下两个用途：

- 方便在自己的项目中重复使用资源；
- 与其他 Creative Cloud 用户共享资源。

Creative Cloud 库主要有如下 3 个优势，使其更适合设计师使用：

- 支持多种类型的资源；
- 支持在 Creative Cloud 和 Microsoft Office 应用程序之间交互；
- 支持不同工作群组共享资源和协作。

8.1.3　资源类型

常见的云端解决方案允许你在一个在线文件夹中存储"普通"文件，比如 PSD 文件、AI 文件和 INDD 文件等。也就是说，它们和传统文件服务器的工作方式没有太大区别。但是 Creative Cloud 库有点不一样，大多数情况下，它做的不是文件管理，而是品牌资产管理。想一想什么是品牌资产？一个品牌由什么构成？只是一个公司 Logo 吗？显然不是，公司品牌构成如下：

- 不同颜色或颜色模式（RGB、CMYK、专色）下的 Logo；
- 公司代表色；
- 图标和其他设计元素；
- 文本样式和字体设置；
- Photoshop 图层样式设置；
- 其他。

查看上面这些不同类型的资产（资源），你会发现许多资产根本没有专门的文件格式。因此，我们无法把它们保存到某个服务器或常见的云端。

比如，你无法把一个文本样式以文件形式保存到你的服务器或云端中。为此，你只能把应用该文本样式的 InDesign 文本保存成一个独立的文档。但是，当需要在多个项目中使用这个样式时，这么做是非常低效的。

这个时候，Creative Cloud 库的优势就凸显出来了。Creative Cloud 库专为存储、重用、共享那些没有专用文件格式的设计资源而生，几乎所有 Creative Cloud 应用程序都支持它。而且，在通过 Web 浏览器把 Creative Cloud 库中的资源分享给其他人之前，你可以先行预览一下。相比之下，传统的云存储解决方案不支持我们预览 InDesign 文档、Illustrator 文档或 Photoshop 文档，更别说色板、文本样式，以及其他类型的资源了。

8.1.4　通用性

前面说过，Creative Cloud 库不仅支持 InDesign、Photoshop、Illustrator，几乎所有 Creative Cloud 应用程序都可以使用它，而且 Microsoft Office 系列软件也可以使用它。此外，你还可以把它们集成到第三方解决方案中，比如 Microsoft Power Automate、Frontify 和 Zapier 等。借助 Creative Cloud 库，我们可以把自己常用的软件和 Adobe 系列软件无缝整合，从而更加高效地完成各种设计工作。不同部门的工作人员（如移动版应用程序开发人员、3D 艺术家）使用的系统不一样，Creative Cloud 库是实现跨系统共享品牌资产的好方法。

8.1.5　共享和协作

借助 Creative Cloud 库，我们可以很轻松地与其他团队成员或公司外部人员共享某些资源。相关内容会在第 9 课中讲解。也就是说，对于同一个 Photoshop 图层、Illustrator 图标或 InDesign 文本，你可以将其用在自己的多个项目中，其他人也可以将其用在他们的项目中（链接方式）。这样可以确保每个人使用的都是最新版本的 Logo 或者正确的产品图像。此外，你还可以与 Microsoft Office 用户共享 Creative Cloud 库中的资源。有些人虽然不使用 Creative Cloud 系列软件，但仍然需要访问最新版的 Logo、配色、图像。这个时候，使用 Creative Cloud 库与他们共享资源是最好的选择之一。无论是做市场营销工作，还是制作 PowerPoint 演示文稿（在其中置入 Illustrator、Photoshop、InDesign 资源），Creative Cloud 库都是一个不可或缺的好帮手。

8.1.6 Creative Cloud 库中可以存放什么

不同应用程序生成的各类资源都可以存储到 Creative Cloud 库中。有些资源（如色板等）是多个 Adobe 设计应用程序通用的，而有些资源则是某个应用程序独有的。也就是说，虽然你可以把这些资源都保存到 Creative Cloud 库中，但是在使用某些应用程序的独有资源时，你必须使用同样的应用程序。

编写本书之时，Creative Cloud 库所支持的资源类型已有 23 种，随着产品不断更新迭代，相信 Creative Cloud 库将来会支持更多资源类型。

常用资源类型：

- 颜色、颜色主题、渐变；
- 段落样式和字符样式；
- 文本；
- Photoshop 图层、Illustrator 图稿和 InDesign 片段。

专用资源类型：

- Lumetri 颜色外观（用于视频调色）；
- 3D 模型与灯光；
- 矢量和像素笔刷；
- Adobe XD 组件。

需要提醒的是，普通文件也是可以存储到 Creative Cloud 库中的。在任意一个 Adobe 应用程序中打开【库】面板，在【访达】（macOS）或【文件资源管理器】（Windows）中找到要保存的文件，然后将其拖入【库】面板中（或者拖入 Creative Cloud 应用程序中的【库】区域中），即可上传至 Creative Cloud 库。支持上传至 Creative Cloud 库的文件类型如下：

- Adobe 设计应用程序模板格式，比如 AIT、PSDT 和 INDDT；
- JPEG、TIFF、SVG 等图像文件格式；
- 视频和声音文件格式；
- USDZ、OBJ、SBSAR 等 3D 格式。

8.1.7 Creative Cloud 库能否取代存储服务器

答案是否定的。Creative Cloud 库的目标不是取代存储服务器、硬盘、外部存储器、数字资产管理（Digital Asset Management，DAM）系统或媒体资源管理（Media Asset Management，MAM）系统。虽然你可以把普通文件上传到 Creative Cloud 库，但这不代表 Creative Cloud 库能够取代你目前正在使用的存储系统。Creative Cloud 库的主要目标是方便你存储品牌资产，并支持跨项目或团队使用，而不是用于项目存档或构建图像库。如果你把 Creative Cloud 库当作数据库使用，那么你很快就会遇到下面这些问题。

· 存储在 Creative Cloud 库中的每个资源都会自动同步到你的硬盘上。也就是说，如果你在 Creative Cloud 库中存放 500GB 的图像，那么你的本地硬盘也会被占去 500GB 的空间，而且如果把那个库共享给了另外一个人，那他的硬盘空间也将被占去 500GB。

· Creative Cloud 库缺少用于筛选、分类、标记资源的元数据域，所以它无法取代 DAM 系统或 MAM 系统。Creative Cloud 库只给每个存储的资源提供一个最基本的描述性元数据域，仅供用来搜索品牌资产，仅此而已。

· 其他人要访问你的 Creative Cloud 库必须有 Adobe Creative Cloud 账户，要么是 Creative Cloud 会员，要么是受限制的免费账户。也就是说，那些未参与项目或者营销部门的工作人员根本访问不了你的 Creative Cloud 库。

8.1.8 库资源存储在哪里

Creative Cloud 库托管在 Adobe 服务器上，并与你的 Creative Cloud 账户关联在一起。也就是说，你必须使用用户名和密码登录 Creative Cloud 账户后，才能访问 Creative Cloud 库中的资源，因此 Creative Cloud 库里面的资源是非常安全的。当你在计算机上登录 Creative Cloud 账户后，Creative Cloud 库中的资源会自动同步到本地硬盘中，以便在所有 Adobe 应用程序中使用。同步操作由名为 Creative Cloud 的应用程序负责执行（稍后详细讲解）。

通过某个 Adobe 设计应用程序或 Creative Cloud 应用程序向 Creative Cloud 库添加资源时，新添加的资源会同步至 Creative Cloud，如图 8-1 所示。这样，只要你有对应的会员资格，所有应用程序和服务都可以使用它。

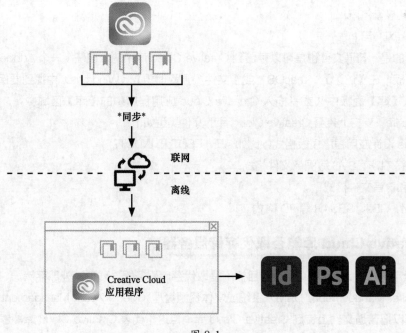

图 8-1

8.1.9 如何浏览库资源

8.1.9.1 浏览本地库资源

在你的计算机中，启动名为 Adobe Creative Cloud 的应用程序就可以浏览所有可用的库资源，包括你个人拥有的库和别人分享给你的库。启动计算机时，Adobe Creative Cloud 应用程序会自动启动，登录至你的 Adobe 账户，并一直保持登录状态，方便你访问 Adobe 系列产品。在 Adobe Creative Cloud 应用程序中，你可以轻松浏览、分享、创建 Creative Cloud 库。

浏览库资源主要有两种方式：按资源类型和按分组。你可以把一系列资源定义成一个组，并为其指定一个名称。你甚至可以在一个分组内部创建子分组，以便更好地组织库中的资源，如图 8-2 所示。每个库中最多可以保存 10000 个资源，为了更好地组织这些资源，可以使用子分组对它们进行分类和管理。

图 8-2

图 8-2 中用到了几个子分组，这些子分组显示在窗口左侧的侧边栏中。

8.1.9.2 在线浏览库资源

除了浏览本地库资源外，你还可以在线浏览 Creative Cloud 库中的资源。为此，请打开网页浏览器，转到 Adobe 官方资源页面，然后登录自己的 Adobe 账户。打开【文件】选项卡，然后单击【您的库】，即可浏览其中的资源。

8.2　动手创建一个库

下面学习如何创建 Creative Cloud 库。这里我们主要学习如何创建库，往库中放什么资源不重要，因为我们不会在自己的项目中使用这些资源。

8.2.1 命名库与库资源分组

下面我们给前面制作的恐龙网页项目创建一个资源库。这个资源库既可以保存常规文件，也可以保存前面几课中制作的一些特殊资源。

❶ 在菜单栏中单击 Creative Cloud 图标（macOS），或者在任务栏右下角（时钟旁边）单击 Creative Cloud 图标（Windows），启动 Creative Cloud 应用程序。

此时，Creative Cloud 应用程序界面如图 8-3 所示。

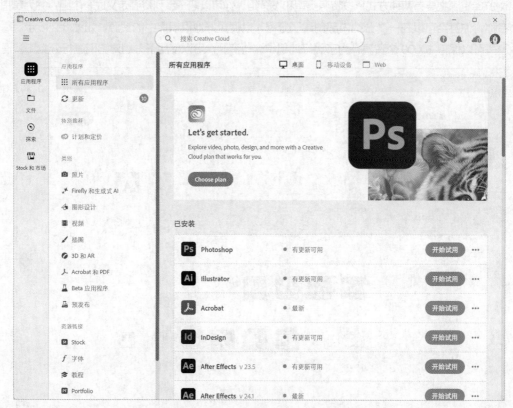

图 8-3

❷ 在 Creative Cloud 应用程序中，打开【文件】选项卡，然后在左侧栏中单击【您的库】。

❸ 单击【新建库】按钮，新建一个库，如图 8-4 所示。

图 8-4

④ 把库命名为 dinosaur，单击【创建】按钮，如图 8-5 所示。

图 8-5

⑤ 单击【上传文件】按钮，开始从硬盘上传文件，如图 8-6 所示。

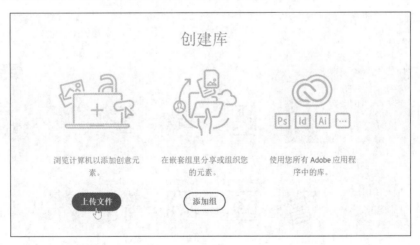

图 8-6

💡 提示　直接把文件从硬盘拖入新建库，也可以启动上传过程。

⑥ 转到 Lesson08\Imports\Library 文件夹。

⑦ 选择 background.jpg、dino-logo.ai、trex-small.psd，如图 8-7 所示，单击【添加】按钮，启动上传。

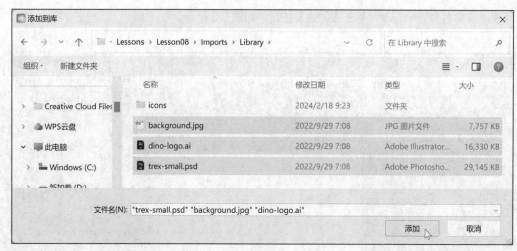

图 8-7

图 8-8

❽ 在 Creative Cloud 应用程序主窗口中，确保没有选择任何文件，单击窗口右侧的加号图标，从弹出菜单中选择【上传文件】，如图 8-8 所示，继续添加其他文件。

❾ 转到 Lesson08\Imports\Library\icons 文件夹，选择所有文件，单击【添加】按钮。

至此，我们上传了一个 JPEG 文件、一个 Photoshop 文档，以及若干个 Illustrator 文件。接下来，我们把库资源分类，将它们放入不同分组中，同时给它们添加一些元数据，以便在库中查找它们，如图 8-9 所示。

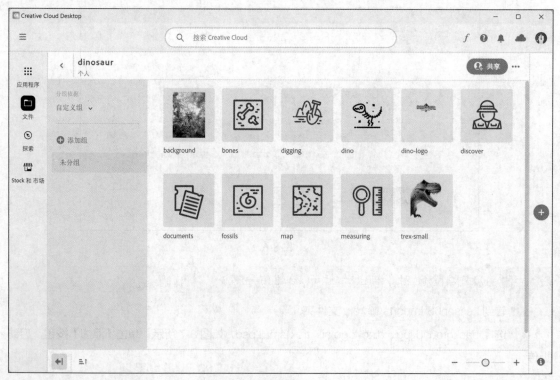

图 8-9

⑩ 在库中，单击一个图标，然后按住 Command/Ctrl 键，单击其他图标，把库中的所有图标全部选中。

⑪ 单击【添加组】按钮。

⑫ 把新分组命名为 icons，如图 8-10 所示。这样，我们就创建好了一个名为 icons 的分组，并把前面选中的所有图标放入其中。

⑬ 选择库中的 Logo 图标，再次单击【添加组】按钮。

⑭ 把新分组命名为 Logos，按 Return/Enter 键，把刚刚选中的 Logo图标添加到新创建的分组中。

⑮ 选择 trex-small 与 background，单击【添加组】按钮。

⑯ 把新分组命名为 Jungle。

至此，我们已经创建好了 3 个分组，每个分组中包含的资源不同，如图 8-11 所示。

图 8-10

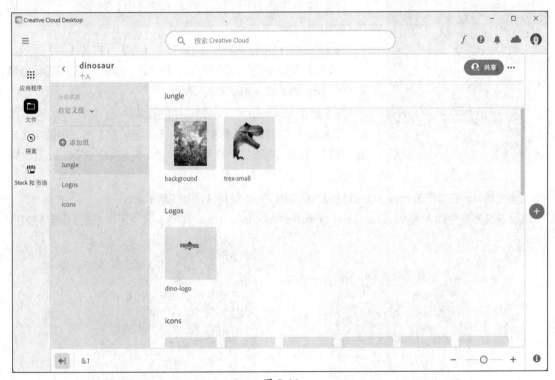

图 8-11

8.2.2 查看资源信息

在 Creative Cloud 应用程序中，可以查看资源的详细信息。这些信息包括修改日期、创建日期、文件大小和文件类型。按照如下步骤，查看资源详细信息。

❶ 在 Creative Cloud 应用程序中打开 dinosaur 库。

图 8-12

❷ 单击窗口右下角的【信息】按钮，如图 8-12 所示，显示当前库的相关信息。

一个显示 dinosaur 库基本信息的窗格从窗口右侧滑入。

③ 在 dinosaur 库中单击某个资源，显示该资源的相关信息。

你可以在信息窗格中给某个资源添加描述性信息。但这里，我们不打算这么做，我们完全可以在设计应用程序中添加它们。也就是说，当你希望给某个资源添加描述信息时，完全不用离开设计应用程序。没有必要离开主设计应用程序，进入 Creative Cloud 应用程序中添加描述信息。

8.2.3　在 Photoshop 中浏览 Creative Cloud 库

接下来，我们讲解如何在 Adobe 系列设计软件内部浏览 Creative Cloud 库中的内容。首先，我们学习如何在 Photoshop 中浏览 Creative Cloud 库中的内容，以及给里面的资源添加描述性信息。

图 8-13

① 启动 Photoshop，在菜单栏中依次选择【Photoshop】>【首选项】>【常规】（macOS），或者选择【编辑】>【首选项】>【常规】（Windows），打开【首选项】对话框。

② 在【首选项】对话框中，单击【在退出时重置首选项】按钮。

③ 单击【确定】按钮，关闭【首选项】对话框，然后重启 Photoshop。

④ 在菜单栏中依次选择【窗口】>【库】，打开【库】面板。

【库】面板中会列出所有 Creative Cloud 库，包括你自己创建的那个 dinosaur 库，如图 8-13 所示。

⑤ 单击 dinosaur 库，浏览其中的资源。

⑥ 单击【排序选项】按钮。从【分组依据】菜单中选择【自定义组】，按组（非按文件类型）显示各个分组中的资源，如图 8-14 所示。

⑦ 使用鼠标右键单击 background 资源，从弹出菜单中选择【添加说明】。

⑧ 在文本框中输入 Always use in combination with trex-small，如图 8-15 所示，单击【确定】按钮。

图 8-14

图 8-15

⑨ 把鼠标指针移动到 background 资源上。

此时，弹出一个对话框，显示这个资源的相关信息，包括刚刚输入的描述性信息，如图 8-16 所示。添加这些描述性信息（比如资源的使用说明）有助于我们快速找到所需要的资源。

⑩ 在【库】面板顶部的搜索栏中输入 Trex，搜索库中所有与 Trex 相关的资源，如图 8-17 所示。

图 8-16

图 8-17

下方搜索结果显示出两个资源。一个是 trex-small 资源，因为它的名称中包含 trex；另一个是 background 资源，因为其描述文字中包含 trex。

⑪ 单击搜索栏右端的叉号，清除搜索关键词。

8.3 把 Creative Cloud 库纳入工作流程中

接下来，我们讲解如何把设计资源存储到 Creative Cloud 库，然后在不同应用程序中使用 Creative Cloud 库中的资源。除了前面介绍的几种资源类型之外，Creative Cloud 库还支持其他更多资源类型，允许其他更多应用程序使用其中的资源。因此，我们鼓励大家多去尝试不同的资源类型和应用程序。

8.3.1 使用 InDesign 和 Photoshop 库资源

下面学习如何在 Photoshop 与 InDesign 之间交换资源。InDesign 资源难以使用传统的置入或链接方法导入 Photoshop 中使用，此时就可以使用 Creative Cloud 库在两者之间交换资源。在 Creative Cloud 库的帮助下，我们可以轻松地把 InDesign 资源链接至 Photoshop 中。

① 进入 Photoshop，在 Lesson08 文件夹中打开 L08-billboard-end.psd 文档，如图 8-18 所示。

图 8-18

这个 PSD 文档中展示的是一个广告牌的实体模型。广告牌本身是一个 InDesign 文档（可直接打印），制作实体模型时，我们将其作为智能对象链接至 Photoshop 文档中。这样一来，当我们在 InDesign 中修改原始的广告牌设计时，Photoshop 中实体模型里面的广告牌也会同步更新。

❷ 启动 InDesign，按 Control+Option+Shift+Command（macOS）或 Alt+Shift+Ctrl（Windows）组合键，恢复默认首选项。

❸ 在出现的询问对话框中单击【是】按钮，删除 InDesign 首选项文件。

❹ 在 Lesson08\Imports 文件夹中打开 billboard-end.indd 文件，如图 8-19 所示。

图 8-19

这个 InDesign 文档是广告牌的设计稿，后面我们会把它置入 Photoshop 文档中。广告牌中包含多张图像，它们是使用 Photoshop 制作的，并通过 Creative Cloud 库置入了 InDesign 文档中。

❺ 关闭文件。

8.3.2　把 Photoshop 图层保存到 Creative Cloud 库

首先，我们创建一个资源库，然后在其中添加资源。

❶ 在 Photoshop 中，从 Lesson08\Imports 文件夹中打开 summer.psd 文档，如图 8-20 所示。

图 8-20

这个文档包含 3 个图层：一个形状图层、一个绿草图像图层（向下剪贴到形状图层）、一个背景图层（白色填充），如图 8-21 所示。我们需要在 Creative Cloud 库中原封不动地保留绿草图像图层和形状图层。这样，当需要更新时，我们就可以随时编辑原始图层，比如把绿草图像替换成其他图像。【属性】面板中显示绿草图像是一个链接的智能对象，它是使用【置入链接的智能对象】命令导入的。

> ♀ 注意 当链接的图层旁边出现一个黄色三角形图标时，在菜单栏中依次选择【图层】>【智能对象】>【更新所有修改的内容】，更新所有链接。

此外，还要注意形状图层上应用了【斜面和浮雕】效果。我们需要单独保存效果，以便在同一个广告的其他项目中使用。

② 在【库】面板中打开面板菜单，选择【新建库】。

③ 把新库命名为 Shoes，单击【创建】按钮，如图 8-22 所示。

图 8-21　　　　　　　　　　　　　图 8-22

④ 在【图层】面板中，同时选中绿草图像（green 图层）和形状图层（SUMMER 图层）。

⑤ 在【库】面板底部单击加号按钮，在弹出菜单中选择【图形】，如图 8-23 所示，把两个图层作为一个资源保存到 Shoes 库中。

此时，两个图层被作为一个 Photoshop 文档添加到 Shoes 库中。

> ♀ 提示 另外两种把资源添加至 Creative Cloud 库的方法是，直接从【图层】面板把图层拖入 Shoes 库中，或者使用【移动工具】⊹把图层内容直接从文档拖入 Shoes 库中。

⑥ 在【图层】面板中选择 SUMMER 图层。

⑦ 在【库】面板中，再次单击加号按钮，在弹出菜单中选择【图层样式】，如图 8-24 所示，把【斜面和浮雕】效果作为可重复使用的资源添加到 Shoes 库中。（在【库】面板中单击加号按钮时，根据所选图层类型的不同，所呈现的选项也不一样。）

图 8-23　　　　　　　　　　　　　图 8-24

图层样式添加到 Shoes 库后，其名称仍然是原来的名称。接着，我们把图层样式名称改成一个有意义的名字，方便日后使用。

⑧ 在【库】面板中，双击新添加的图层样式的名称，将其重命名为 thin emboss，如图 8-25 所示。按 Return/Enter 键，使修改生效。

至此，我们向 Shoes 库中添加好了 Photoshop 图形和图层样式。添加好之后，最好检查一下库里都有什么。前面添加到 Shoes 库的绿草图像是资源的一个组成部分，它最初是一个链接的图层。下面我们一起看看把它添加到库之后发生了什么。

⑨ 双击第一个资源（名称为 green），将其在原始应用程序（这里是 Photoshop）中打开。

这里有两点需要注意。首先，画布比以前大了很多。这是因为创建库资源时，图层中所有元素的大小都会被考虑在内，包括隐藏在背景中的那些元素。绿草图像远比 summer.psd 文件的原始画布大，所以当前画布很大。

其次，链接图层转换成了嵌入图层，如图 8-26 所示。这样，可确保库中资源不依赖于外部链接的图像。

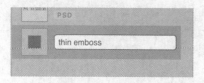

图 8-25 　　　　　　　　　　　　　　　　　　　　图 8-26

⑩ 关闭库资源文件，然后关闭 summer.psd 文件，不进行保存。

8.3.3　把 Photoshop 智能对象保存为库资源

Photoshop 有一个独特功能，支持自动创建库及其库资源项。为此，我们需要先把待保存的资源转换成智能对象。

❶ 在 Photoshop 中，从 Lesson08\Imports 文件夹中打开 collection.psd 文档，如图 8-27 所示。

图 8-27

这个文档中包含许多鞋子图像，每双鞋在一个单独的图层组中。每个图层组中包含一个鞋子图层和一个阴影图层。接下来，我们把所有鞋子添加到 Shoes 库中，以便在 InDesign 中使用它们。

添加方法有两种：一种是手动添加；另一种是让 Photoshop 自动添加。有些人认为直接把各个图层组拖入 Shoes 库中添加起来会更快，这一点不可否认。但这里，我们不打算用这种方法，主要是想给大家展示一下如何基于 Photoshop 文档自动生成资源库。

第一步是把所有鞋子（图层组）转换成智能对象。

② 在【图层】面板中选择 shoe1 图层组。

③ 使用鼠标右键单击 shoe1 图层组，从弹出菜单中选择【转换为智能对象】，如图 8-28 所示。

图 8-28

> 💡 提示　此外，你还可以在菜单栏中依次选择【图层】>【智能对象】>【转换为智能对象】，把所选图层组转换成智能对象。在菜单栏中依次选择【编辑】>【键盘快捷键】，然后在弹出的【键盘快捷键和菜单】对话框中，可为【转换为智能对象】命令指定一个快捷键。这样，只需按快捷键即可完成转换。

④ 使用相同的方法把其他 8 个图层组转换成智能对象，如图 8-29 所示。

⑤ 打开【库】面板菜单，选择【从文档创建新库】，如图 8-30 所示。

⑥ 在【从文档新建库】对话框中勾选【智能对象】选项，如图 8-31 所示。

图 8-29

图 8-30

图 8-31

此时，列出当前 Photoshop 文档中要自动上传到新库的所有元素。此外，还有一个【移动智能对象到库并替换为链接】选项，勾选该选项后，Photoshop 文档中的智能对象会上传至库，原来的智能对象会替换成指向库资源的链接。这样，当修改库中的智能对象时，Photoshop 文档会跟着更新。【移动智能对象到库并替换为链接】选项把上传、替换、链接 3 个功能合并为一个。这个选项很有意思，但这里不需要使用，请不要勾选它。

⑦ 单击【创建新库】按钮，创建一个包含所有对象的库。

这是一种在 Photoshop 中快速创建新库的好方法，但是只有 Photoshop 这一款软件支持。现在还有一个问题是，前面我们已经为项目创建好了一个库。接下来，我们把当前库中的资源移动到前面创建的库中。

⑧ 在当前库中，先单击第一个资源，然后按住 Shift 键单击最后一个资源，同时选中 9 个资源。

⑨ 在选中的资源上单击鼠标右键，从弹出菜单中选择【将选定项目移至】，如图 8-32 所示。

⑩ 在【移动至】对话框中，单击左箭头，转到前面创建的 Shoes 库中。

⑪ 单击【创建新组】按钮，添加一个新分组，如图 8-33 所示。把新分组命名为 collection，如图 8-34 所示，然后单击【创建】按钮。

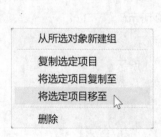

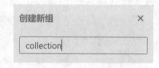

图 8-32　　　　　　　　　　图 8-33　　　　　　　　　　图 8-34

⑫ 单击【移动】按钮，把所有资源移动到刚创建的 collection 分组（位于 Shoes 库中）中。

移动完成后，当前库就空了。

⑬ 打开【库】面板菜单，选择【删除"collection"】，在弹出的对话框中单击【删除】按钮，删除空库。

⑭ 单击 Shoes 库，进入其中，单击【网格视图】按钮，如图 8-35 所示。

此时，所有鞋子就出现在了 Shoes 库中，如图 8-36 所示。接下来我们就可以在 InDesign 中使用它们了。

图 8-35　　　　　　　　　　　　　　　　图 8-36

8.3.4 在 InDesign 中使用 Photoshop 库资源

资源已经准备好了，接下来就可以在其他应用程序中使用它们了。下面我们将在 InDesign 文档中重用 SUMMER 图像和鞋子。

❶ 进入 InDesign，在 Lesson08\Imports 文件夹中打开 billboard-start.indd 文件，如图 8-37 所示。

图 8-37

❷ 在菜单栏中依次选择【文件】>【存储为】，把文件另存为 billboardWorking.indd。

❸ 在菜单栏中依次选择【窗口】>【CC Libraries】（CC 库），打开【CCLibraries】面板，显示 Creative Cloud 库。

> 💡 **注意** 只有 InDesign 把【库】面板称为【CC Libraries】面板。这是因为 InDesign 本地库系统已经使用了"库"这个说法。在菜单栏中依次选择【文件】>【新建】>【库】，可以创建本地库。不过，随着 Creative Cloud 库的流行与普及，本地库功能已经过时了。

❹ 在【CC Libraries】面板中找到 Shoes 库，单击以打开它。

❺ 从 Shoes 库中把 SUMMER 图像拖入当前 InDesign 文档，如图 8-38 所示。此时，鼠标指针变成了一个图像加载图标，等待你将图像置入当前 InDesign 文档中。

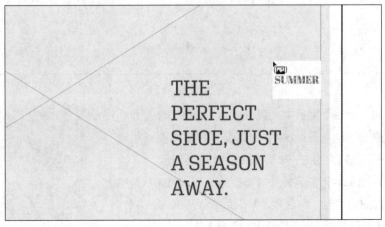

图 8-38

⑥ 在灰色图形框内部单击，把 SUMMER 图像置入其中，如图 8-39 所示。

图 8-39

⑦ 拖动【内容抓取器】（圆环），在图形框中把图像往上移动一点，如图 8-40 所示。然后取消选择图像。

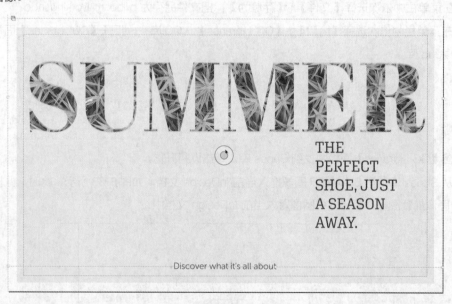

图 8-40

⑧ 在【CC Libraries】面板中找到 shoe1，如图 8-41 所示，将其拖入当前文档中。移动鞋子 shoe1，使其位于页面中间。

⑨ 放大鞋子，使其大约占一半页面，如图 8-42 所示。

接下来，向 CC 库中添加另外一种类型的资源，首先从鞋子上吸取颜色，转换成颜色主题，然后存入 CC 库中。

⑩ 在【工具】面板中选择【颜色主题工具】。

图 8-41

图 8-42

⑪ 把【颜色主题工具】 ✎ 移动到鞋子上并单击，把鞋子上的颜色转换成颜色主题，如图 8-43 所示。

图 8-43

⑫ 单击【将此主题添加到的我的当前 CC 库】按钮，如图 8-44 所示。

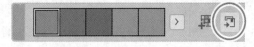

图 8-44

InDesign 把包含 5 种色板的颜色主题添加到当前 CC 库中。

⑬ 切换到【选择工具】 ▶ 单击标语文本框（THE PERFECT SHOE …）。

⑭ 在【CC Libraries】面板中，从刚刚添加的颜色主题中选择一种红色，将其应用至标语文本上，如图 8-45 所示。

图 8-45

🔢 保存当前文档，且保持打开状态。

8.3.5　在 Photoshop 中使用 InDesign 库资源

　　下面学习如何把 InDesign 资源置入 Photoshop 文档中使用。制作海报、传单、包装时，经常使用这种方法来模拟实际效果。如果没有 Creative Cloud 库，这很难办到。当然，你可以把设计稿作为智能对象复制并粘贴到 Photoshop 文档中。但是，如果编辑原始设计稿时在 Photoshop 中双击智能对象，Photoshop 会启动 Illustrator 来打开智能对象中的内容，这个行为会破坏 InDesign 和 Photoshop 之间的协同关系。

　　❶ 在 InDesign 中，按 Command+A/Ctrl+A 组合键，全选文档中的所有内容。

　　❷ 在【CC Libraries】面板中，单击右下角的加号按钮，在弹出菜单中选择【图形】，如图 8-46 所示，把所有选中的对象作为一个资源添加到库中。

　　❸ 双击刚刚添加的资源名称，将其重命名为 billboard，如图 8-47 所示。

图 8-46

图 8-47

　　需要注意的是，向一个库中添加资源实际上是把这个资源的一个副本添加到库中。我们在库中看到的那个资源并没有链接到 InDesign 文档上。它们是两个完全独立的实体。

　　上面把文档中的所有内容添加到 Creative Cloud 库，实际是在嵌套库资源，因为 SUMMER 图像和鞋子对象原本就是库资源。也就是说，我们把现有库资源与其他内容组织在一起，然后作为一个新的资源保存到库中。此时，库中的 SUMMER 图像、鞋子对象同时与 InDesign 文档及其在库中的副本链接在一起。图 8-48 清晰地展示了这个过程，有助于你更好地理解这一点。从图中可以看到，鞋子对象既链接到了 InDesign 文档上，又链接到了当前文档在库中的副本上。在 Photoshop 中修改鞋子对象，两个地方都会跟着更新。

图 8-48

④ 进入 Photoshop，在 Lesson08 文件夹中打开 L08-billboard-start.psd 文档。

⑤ 在菜单栏中依次选择【文件】>【存储为】，把文件另存为 billboard-mockupWorking.psd。

⑥ 在【图层】面板中单击 tree 图层，将其选中。

⑦ 在菜单栏中依次选择【窗口】>【库】，打开【库】面板。

⑧ 在【库】面板中，进入 Shoes 库中。

⑨ 把刚刚从 InDesign 添加的 billboard 对象拖入当前文档中，如图 8-49 所示。把 billboard 对象移动到画面中间，按 Return/Enter 键确认。

图 8-49

图层缩览图上有一个云朵图标，表示它是一个通过链接方式置入的库资源。

⑩ 使用鼠标右键单击 billboard 图层，从弹出菜单中选择【转换为智能对象】。

⑪ 按 Command+T/Ctrl+T 组合键，进入自由变换模式。

⑫ 把图层不透明度降为 50% 左右，以便观察广告牌下的背景图像。

⑬ 移动广告牌图像，使其左上角与白色广告位的左上角对齐，如图 8-50 所示。在对齐过程中，你可以多次按方向键，精细地调整广告牌的位置。

图 8-50

⑭ 按住 Command/Ctrl 键，进入透视变换模式，拖动广告牌左下角顶点，使其对齐至白色广告位的左下角。

⑮ 使用相同的方法把另外两个角与白色广告位对应的角对齐，如图 8-51 所示。然后按 Return/Enter 键，应用透视变换。

图 8-51

⑯ 把广告牌图像的【不透明度】恢复成 100%，【混合模式】改成【正片叠底】。

⑰ 在【图层】面板中，向下拖动广告牌图层，使其位于亮度 / 对比度调整图层（contrast）之下，如图 8-52 所示。

到这里，我们就在 Photoshop 中制作好了广告牌的实体效果展示图，如图 8-53 所示。

图 8-52

图 8-53

⑱ 保存当前项目。

8.3.6　更新设计

若想更新源自 Creative Cloud 库的嵌套资源，请按照如下步骤操作。

❶ 回到 InDesign 中。

❷ 按住 Option/Alt 键，单击鞋子左上角的库图标，如图 8-54 所示。此时，打开【链接】面板，且刚单击的图标所属链接处于选中状态。使用这种方式打开【链接】面板并查找所需要的链接，效率非常高。当前，面板中的两个链接都带有库图标。

❸ 在【链接】面板中，选择鞋子图像，单击【从 CC 库重新链接】按钮，如图 8-55 所示，可重新链接到另外一个库资源。此时，打开【CC Libraries】面板，要求你选择一个替换图形。

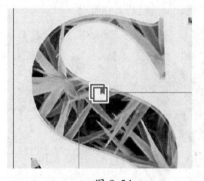

图 8-54

图 8-55

❹ 在【CC Libraries】面板中选择 shoe8，单击面板底部的【重新链接】按钮，如图 8-56 所示。

如果你在设计中使用了 Creative Cloud 库中的其他资源，使用这种方法更新设计比较好。Photoshop 和 Illustrator 也提供了类似功能，允许你把一个资源重新链接到 Creative Cloud 库中的其他图形。

图 8-56

鞋子图像和阴影效果大小不一样，因此边缘会有一些剪裁痕迹，如图 8-57 所示。

图 8-57

图 8-58

❺ 在当前文档中选择鞋子图像，打开【属性】面板，在【框架适应】区域中，单击第二个按钮（【按比例适合内容】），如图 8-58 所示，根据框架大小，按比例调整鞋子图像，效果如图 8-59 所示。

现在，我们需要更新 Photoshop 中用到的广告牌的设计。对于 Creative Cloud 库中的图形，可以在【CC Libraries】面板中双击某个图形，然后在 InDesign 中打开它。当然，还有一种方法，那就是把修改后的设计保存成新资源。

第二种方法更加灵活，因为在 Photoshop 中替换库资源与在 InDesign 中替换库资源一样简单。之前的那个鞋子版本我们也一直留着，以防客户突然改变主意，又选择以前的版本。

图 8-59

⑥ 按 Command+A/Ctrl+A 组合键，全选当前文档中的所有内容。

⑦ 在【CC Libraries】面板中，单击加号按钮，从弹出菜单中选择【图形】，如图 8-60 所示。

图 8-60

⑧ 双击图形名称，将其重命名为 billboard2。现在，我们就有了两个版本的广告牌，可以在 Photoshop 中自由地选用它们，如图 8-61 所示。

⑨ 返回至 Photoshop 中。

⑩ 双击广告牌智能对象的缩览图，在单独的窗口中将其打开。（若弹出一个说明性对话框，请单击【确定】按钮。）

⑪ 在新的文档窗口中，使用鼠标右键单击广告牌图层（带云朵图标），从弹出菜单中选择【重新链接到库图形】，如图 8-62 所示。

图 8-61

图 8-62

⑫ 在【库】面板中选择 billboard2，单击面板底部的【重新链接】按钮，更新设计。

⑬ 保存并关闭文档。然后返回到 billboard-mockupWorking.psd 中，如图 8-63 所示。

图 8-63

⑭ 保存并关闭 Photoshop 文档。然后在 InDesign 中执行相同的操作。

你甚至可以反过来用：在实体效果展示文件（PSD）中全选所有图层，将其保存到 Creative Cloud 库中，然后在 InDesign 排版文档（比如杂志页面）中置入并使用它们。Creative Cloud 库使用起来非常方便，但是由于嵌套无限制，所以也容易给人造成困扰。

8.3.7 同时使用 Photoshop 和 Illustrator 库资源

首先，我们把 Photoshop 设计稿保存到 Creative Cloud 库中，然后在 Illustrator 中使用它，再在 Illustrator 中添加一些元素，同样保存到 Creative Cloud 库中，最后在 InDesign 中使用它们。

为了充分了解项目细节，我们先看一下最终的 Illustrator 文档和 InDesign 文档。

① 启动 Illustrator，在菜单栏中依次选择【Illustrator】>【首选项】>【常规】（macOS），或者选择【编辑】>【首选项】>【常规】（Windows）。

② 在【首选项】对话框中，单击【重置首选项】按钮。然后重启 Illustrator。

③ 在 Lesson08 文件夹中打开 L08-travel-banner-end.ai 文件。

④ 在菜单栏中依次选择【视图】>【裁切视图】，把画板之外的所有对象隐藏，如图 8-64 所示。

图 8-64

在这个文档中，Photoshop 图层充当前景，矢量图形充当背景。

⑤ 返回 InDesign 中。然后在菜单栏中依次选择【窗口】>【工作区】>【重置"基本功能"】。

⑥ 在 Lesson08 文件夹中打开 L08-oslo-end.indd 文档，如图 8-65 所示。

这个文档中用到了几个 Photoshop 图层以及一些 Illustrator 矢量图形。

⑦ 关闭所有文件。

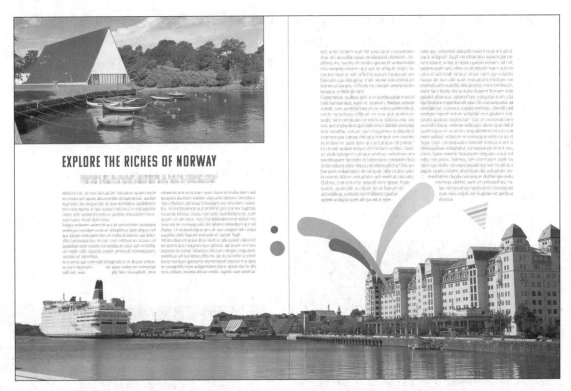

图 8-65

8.3.8 新建一个库

首先，创建一个库，把 Photoshop 资源添加到其中。

① 返回 Photoshop 中。

② 在菜单栏中依次选择【窗口】>【工作区】>【复位基本功能】。

③ 在 Lesson08\Imports 文件夹中，打开 oslo-layers.psd 文档，如图 8-66 所示。

图 8-66

这个 Photoshop 文档原来是单个图像（仅一个图层），但现在分成了好几个图层，如图 8-67 所示。我们希望在把 Photoshop 文档导入 Illustrator 时保留透明度，能够分别控制各个图层，而且能返回 Photoshop 中进行修改。有什么办法可以做到吗？

在第 2 课中，我们提到可以把 Photoshop 文档置入 Illustrator 中。但是，只有当我们选择嵌入文档时，才能在 Illustrator 中保留单独的 Photoshop 图层。然而这样做会导致我们无法在 Photoshop 中更新文档。如果我们以链接方式把 Photoshop 文档置入 Illustrator 中，虽然可以在 Photoshop 中更新和修改文件，但是无法在 Illustrator 中访问各个图层。这个时候，Creative Cloud 库就派上大用场了。

④ 在菜单栏中依次选择【窗口】>【库】，打开【库】面板。

⑤ 打开【库】面板菜单，选择【新建库】。

⑥ 把新库命名为 Oslo，单击【创建】按钮，如图 8-68 所示。

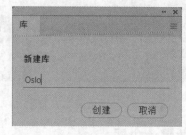

图 8-67

图 8-68

⑦ 在【图层】面板中单击 boat 图层，将其选中。在【库】面板底部单击加号按钮，从弹出菜单中选择【图形】，把 boat 图层添加到库中。

⑧ 使用相同的方法把其他 3 个图层添加到库中，如图 8-69 所示。

⑨ 打开【库】面板菜单，选择【总是显示名称】，如图 8-70 所示，显示所有对象的名称。

图 8-69

图 8-70

8.3.9 把 Photoshop 库资源置入 Illustrator 中

接下来，我们把刚刚添加的库资源导入 Illustrator 中，重新组织安排一下。

① 在 Illustrator 中，从 Lesson08 文件夹中打开 L08-travel-banner-start.ai 文件。

② 在菜单栏中依次选择【文件】>【存储为】，把文件另存为 L08-travelWorking.ai。

③ 在菜单栏中依次选择【窗口】>【库】，打开【库】面板。

④ 单击 Oslo 库，打开它。

⑤ 打开【库】面板菜单，选择【总是显示名称】，显示所有对象的名称。

⑥ 从 Oslo 库把 sky 图层拖入当前画板中，单击画板左上角，置入天空。

⑦ 在【属性】面板的【对齐】区域中，单击【水平左对齐】和【垂直顶对齐】按钮，如图 8-71 所示，使天空对齐至画板左上角。

⑧ 在【库】面板中，把前景对象拖入当前画板中，单击画板左下角，置入前景对象。

⑨ 在【属性】面板的【对齐】区域中，单击【水平左对齐】和【垂直底对齐】按钮，如图 8-72 所示，使前景对象对齐至画板左下角。

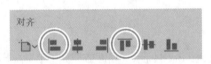

图 8-71

图 8-72

⑩ 把【库】面板中的轮船对象置入当前画板。

⑪ 使用【选择工具】▶ 移动轮船，使其与图像中的轮船完全重叠，如图 8-73 所示。

图 8-73

⑫ 把云朵图像置入画板中，移动云朵，使其位于图像中间，如图 8-74（左）所示。

⓭ 在云朵处于选中状态的情况下，在【属性】面板中单击【不透明度】，显示更多选项。然后把【混合模式】从【正常】改为【滤色】，把云朵融入背景中，如图 8-74（右）所示。

图 8-74

⓮ 在【图层】面板中，把 boat 对象移动到顶层。

⓯ 把 sky 对象移动到底层，如图 8-75 所示。

⓰ 拖动 foreground 对象，使其位于 boat 与 cloud 对象之间。

⓱ 把 cloud 对象拖动到 OSLO 图层上方。

⓲ 显示出 vectors1 与 vectors2 两个图层。

最终各个图层和对象在【图层】面板中的排列顺序如图 8-76 所示，画面效果如图 8-77 所示。

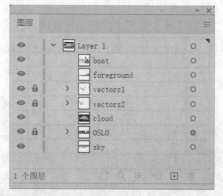

图 8-75   图 8-76

图 8-77

不论何时，只要你想修改某个 Photoshop 图层，在库中双击那个资源，然后编辑即可。修改完成后保存文件，这样，库中的相关资源会更新，同时 Illustrator 文档中所链接的副本也会随之更新。

⑲ 在菜单栏中依次选择【视图】>【裁切视图】，把画板之外的所有对象隐藏。

⑳ 分别单击 vectors1 与 vectors2 图层左侧的锁头图标，将它们解锁。

㉑ 单击 vectors1 图层右侧的圆圈，选中该图层上的所有对象，如图 8-78 所示。

㉒ 在【库】面板中，单击加号按钮，在弹出菜单中选择【图形】，将选中对象添加到库中。

㉓ 使用同样的方法把 vectors2 图层添加到库中，如图 8-79 所示。

图 8-79

㉔ 保存当前文档。

8.3.10　在 InDesign 中置入 Photoshop 和 Illustrator 库资源

接下来，把库中资源置入 InDesign 文档中。

❶ 返回 InDesign 中。在菜单栏中依次选择【窗口】>【工作区】>【重置"基本功能"】。

❷ 在 Lesson08 文件夹中打开 L08-oslo-start.indd 文档。

❸ 在菜单栏中依次选择【文件】>【存储为】，把文件另存为 L08-osloWorking.indd。

❹ 在菜单栏中依次选择【窗口】>【CC Libraries】，打开【CC Libraries】面板，打开 Oslo 库，浏览其中所有资源。

❺ 把前景对象拖入当前文档中。缩小前景对象，使前景对象宽度与跨页宽度一致，如图 8-80 所示。

图 8-80

⑥ 把 vectors1 图形拖至右侧页面上。

⑦ 缩放 vectors1 图形，使其与文本部分重叠，如图 8-81 所示。

图 8-81

⑧ 在 vectors1 图形处于选中状态的情况下，在菜单栏中依次选择【窗口】>【文本绕排】。

⑨ 在【文本绕排】面板中，单击【沿对象形状绕排】按钮（左起第 3 个），使文本绕着形状排列，在【上位移】文本框中输入 0.5 英寸，效果如图 8-82 所示。

图 8-82

💡注意 若弹出【主体识别绕排】说明对话框，请单击【确定】按钮。

⑩ 在【轮廓选项】区域中，从【类型】下拉列表中选择【检测边缘】，如图 8-83 所示，使文本绕着图形排列。

⑪ 使用【选择工具】▶ 选择前景对象。

⑫ 在【文本绕排】面板中，单击【沿对象形状绕排】按钮（左起第 3 个），在【上位移】文本框中输入 0.375 英寸，效果如图 8-84 所示。

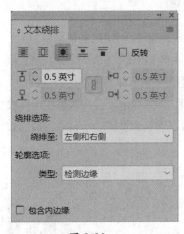

图 8-83

图 8-84

⑬ 在【轮廓选项】区域中，从【类型】下拉列表中选择【Alpha 通道】。

InDesign 检测到前景图层是局部透明的，因此进行文本绕排时可以选择 Alpha 通道来利用图层的透明度。

8.3.11　重新链接 Photoshop 图层并更新

最后，我们使用库中的链接版本替换一个原始的 Photoshop 图层。这样，Photoshop、Illustrator

和 InDesign 中使用的图层都会链接到同一个源。

① 回到 Photoshop 中，当前显示的是 oslo-layers.psd 文档。

这个文档中包含的原始图层已经保存到库中。当把一个资源保存到库时，这个资源就变成了原始资源的未链接副本。也就是说，Photoshop 中的前景图层并未链接至库中的资源。

我们可以删除前景图层，在【库】面板中置入一个全新的链接版本。置入完成后，我们还需要重新调整新版本的位置，使其位置与原来的位置完全相同，这是一个很耗时的过程。

相比之下，一个更好的做法是使用【重新链接到库图形】命令。不过，这个命令不能用于普通图层。应用这个命令之前，我们必须把图层转换成智能对象，然后将其重新链接至库资源。

② 使用鼠标右键单击 foreground 图层，然后在弹出菜单中选择【转换为智能对象】。转换完成后，【图层】面板如图 8-85 所示。

③ 再次使用鼠标右键单击 foreground 图层，此时弹出菜单中有更多命令可用。在弹出菜单中选择【重新链接到库图形】，如图 8-86 所示。

图 8-85

图 8-86

④ 在【库】面板中选择前景资源，单击【重新链接】按钮，使用库中的云朵替换原始云朵。

此时，Oslo 库中的前景资源已同时链接至 Photoshop、Illustrator、InDesign 项目。这是使用传统方法无法实现的，至少做不到这么完美。下面修改前景资源，看一看链接到该资源的所有项目是否都会更新。

⑤ 在任意程序的库面板中双击前景资源，以编辑它，如图 8-87 所示。

图 8-87

这个前景资源是一个"货真价实"的 Photoshop 文档，你想添加多少个图层都可以。

⑥ 在【图层】面板中添加一个色相 / 饱和度调整图层，如图 8-88 所示。

⑦ 把【饱和度】设置为 +50，如图 8-89 所示。（这里我们把【饱和度】值故意设置得大一些，以便区分前后两个版本。）

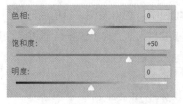

图 8-88   图 8-89

⑧ 在【工具】面板中选择【污点修复画笔工具】 ⌗ 。

⑨ 在选项栏中打开画笔选项面板，把画笔【大小】设置为 20 像素，【硬度】设置为 100%，如图 8-90 所示。

⑩ 水中有 6 根黄色柱子多余，需要把它们从画面中移除。在 foreground 图层处于选中状态的情况下，使用【污点修复画笔工具】 ⌗ 在黄色柱子顶部按住鼠标左键，自上而下地拖动，如图 8-91 所示，到达柱子底部时，释放鼠标左键，即可清除黄色柱子。

图 8-90   图 8-91

在这个过程中，Photoshop 会用相邻像素替换被涂抹的区域的像素，以隐藏涂抹区域。有时需要多涂几笔，以确保修复完美无瑕。

⑪ 保存文档，然后关闭它。

此时，在【库】面板中，缩览图更新到了最新版本。同时，所有使用该前景的文档（oslo-layers.psd、osloWorking.indd、travelWorking.ai）也都会随之更新。

8.4 备份库资源

每当制作好了一个引用一个或多个库资源的项目时，我们都希望把项目备份一下。在这个过程中，我们该如何备份和收集云端资源呢？主要有如下两种方法。

8.4.1 打包

打包时，不管是 InDesign、Photoshop 还是 Illustrator 都会把项目链接的资源单独收集到一个文件夹中。如果你的项目中用到了 Creative Cloud 库资源，打包时相关的云端资源会被提取出来，然后保存到本地包中。也就是说，打包后的项目链接的不是云端资源，而是云端资源在本地的副本。

图 8-92 描述了这个过程，通过这个图，我们可以清楚地了解打包项目时用到的库资源是如何转化为本地资源的。

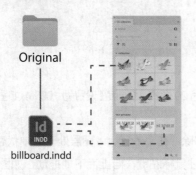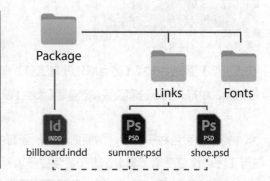

图 8-92

8.4.2 导出库

还有一种方法就是把某个 Creative Cloud 库（包括所有资源）以文件的形式导出至本地。把库导出到本地后，本地就有了一个副本。这不仅方便备份整个项目，也方便线下与其他人分享。

导出库时，按如下步骤操作。

❶ 在 Photoshop、Illustrator 或 InDesign 中，打开库面板菜单，选择【导出"XXX"】（XXX 是库名称），打开【导出库】对话框，如图 8-93 所示。

❷ 单击【选择文件夹】，在【选择文件夹】对话框中选择一个目标文件夹，单击【保存】按钮，然后单击【导出】按钮。

💡 提示　此外，你还可以使用 Creative Cloud 应用程序来导入或导出库。

图 8-93

提示 除了导出整个库外，还可以导出库中的单个资源。在 Creative Cloud 应用程序中，浏览库资源，使用鼠标右键单击要导出的资源，在弹出菜单中选择【导出副本】。

把一个库从云端导出至本地后，你会得到一个 CCLIBS 文件。进入【库】面板，在面板菜单中选择【导入库】，可导入库文件。

备份项目时，建议进行如下操作：首先，打包文档；然后，把 Creative Cloud 库导出至本地，创建一个本地副本。强烈建议你在本地单独备份整个 Creative Cloud 库，因为执行打包命令时，只有项目中用到的（链接的）资源（如各种图形、品牌元素）才会被保存到本地，一旦某个库被删除了，那些未用到（未链接）的资源（如色板、段落样式等）会跟着一起消失。

8.5　复习题

① 与传统的云存储库相比，Creative Cloud 库有什么特别之处？

② 使用 Creative Cloud 库需要连接网络吗？

③ Creative Cloud 库能够完全取代文件存储服务器吗？

④ 如何浏览存放在 Creative Cloud 库中的资源？

⑤ 使用 Creative Cloud 库中的资源时，项目文档与资源一定是链接在一起的吗？

8.6　复习题答案

① Creative Cloud 库的特别之处在于，它为设计师提供了一种保存各种设计资源的好方式，尤其是可以存放一些没有专用文件格式的资源，比如 InDesign 文本样式、颜色、Photoshop 图层样式等。

② 使用现有 Creative Cloud 库中的资源时，并不需要连接网络。但在更新库资源、创建新库，以及与人合作时，网络连接则是必不可少的。

③ Creative Cloud 库的主要目标是方便用户在不同应用程序和团队之间存储与交换设计资源。Creative Cloud 库不是用来长期存储文件的，因此它无法完全取代公司服务器、数据驱动器，以及 DAM 系统或 MAM 系统。

④ 浏览 Creative Cloud 库中的资源有两种方式：一是通过 Creative Cloud 应用程序；二是使用浏览器访问 Adobe 官方资源页面。但不管采用哪种方式，你都得先有一个 Creative Cloud 账户。

⑤ 在一个文档中使用 Creative Cloud 库中的 Photoshop 和 Illustrator 资源时，默认情况下这些资源会与文档链接在一起。但是，当你使用鼠标右键单击某个资源，然后在弹出菜单中选择【置入副本】后，两者之间就不存在链接。而且在使用颜色、文本样式、图层样式等资源时，也不会建立链接关系。

共享 Creative Cloud 库

课程概览

本课讲解如下内容：

- 共享 Creative Cloud 库的多种方法；
- 私享与共享 Creative Cloud 库的区别；
- 私人库与团队库；
- 云文档的优点；
- 共享与接收云文档。

学习本课大约需要 75 分钟

借助 Creative Cloud 库和云文档与他人协作，可轻松实现大规模共享资源，及时获得人们对项目的反馈。

9.1 使用 Creative Cloud 库与他人协作

在第 8 课中我们了解到，Creative Cloud 库（位于云端）可以存储品牌资源和其他 Adobe 应用程序特有的文件；还学习了如何创建 Creative Cloud 库、向其中添加资源和文件，以及在多个应用程序中使用 Creative Cloud 库中的资源。

使用分组和子分组的 Creative Cloud 库的示例如图 9-1 所示。

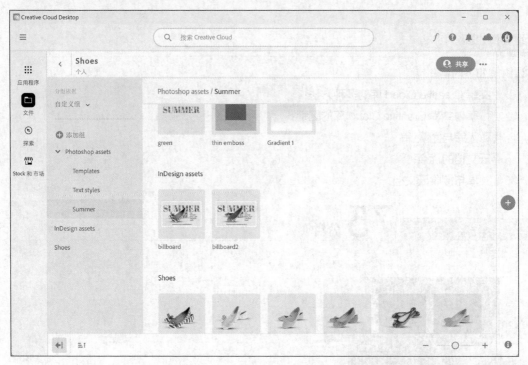

图 9-1

本课我们学习与他人共享 Creative Cloud 库的多种方法。在这个过程中，我们还会学习如何给库设置权限，了解与个人分享和与多人分享库资源的异同。通过学习本课，你将学会如何在 Photoshop、InDesign、Illustrator 中使用共享库中的资源。深入了解共享库的工作原理有助于我们更好地利用 Creative Cloud 中的所有库功能。通过 Creative Cloud 库，我们还可以轻松地与项目相关人员（如团队成员、外聘人员、营销人员等）一起建立合理的协作流程。Creative Cloud 库的主要作用是存储品牌资源，与他人共享品牌资源，并允许他们把相关资源应用到自己的项目中。需要注意的一点是，其他人分享你的库资源的前提是他们必须拥有 Creative Cloud 的会员资格，不管是付费的还是免费的。

你的 Creative Cloud 账户中的所有资源都会安全地保存在你个人的 Creative Cloud 存储空间中。这些资源包括你的库、云文档、同步文件夹，以及借助 InDesign Publish Online 等应用程序共享的文档等。默认情况下，只有你才能访问这些资源，其他人是无法访问它们的。当你跟其他人分享 Creative Cloud 库中的资源时，相当于你给他们开了一扇门，允许他们浏览、使用保存在你个人云存储空间中的资源。其他人访问你的 Creative Cloud 库时，访问方式由你决定。

· 你只是和几个人（一个或多个）分享库资源吗？若是，你需要知道他们注册 Creative Cloud 会员时使用的电子邮件地址。

· 是否是和一大群人分享库资源，而这些人的电子邮件地址你有的知道，有的不知道？若是，你可以创建一个公开的 URL（Uniform Resource Locator，统一资源定位符），分享出去，授予大家访问你的资源的权限。

有一点需要注意，不论你采用哪种方式，共享 Creative Cloud 库只占用资源所有者的云存储空间。比如，你创建了一个库，然后往里面添加了 100MB 大小的 Photoshop 资源，这些资源会占用你100MB 的云存储空间，但不会占用访问这些资源的用户的任何云存储空间。

9.2　公开库

借助 Creative Cloud 库的共享机制，我们可以给某个库生成一个 URL，其他所有人（公司内外）都可以通过这个 URL 访问对应的库。给库留一扇"门"，任何人都可以通过这扇门浏览、使用、复制品牌资源，这样跨部门合作时可以减少很多麻烦，因为使用这种方法共享库资源并不需要我们手动输入每个人的电子邮件地址。

有了这种共享库资源的方法，我们只需要根据不同用途或面向不同人群创建不同的资源库就可以了。这样一来，我们就可以针对不同的对象或目的创建不同的资源展示画廊。

- 与你合作的每个品牌或子品牌。
- 每个产品或产品系列。
- 每种语言或每个地区。
- 与团队成员或客户交流沟通时使用的"情绪板"。

这个方法的优点是，它能适应和满足不同的目标群体，允许他们在自己的 Adobe 应用程序中便捷地使用相关资源，以及顺利地融入个人工作流程中。

9.2.1　使用场景

共享库的主要目标是与其他使用 Adobe 软件的设计人员共享颜色、文本样式、Photoshop 图层，以及其他品牌资源。所有设计师都可以通过一个指向共享库的 URL 访问共享库中的资源，而且选择【订阅】后，他们还可以随时获取资源的最新版本。这个共享 URL 可以出现在项目简报中，也可以用在企业形象手册（PDF 版）中。

除了在设计师之间共享资源外，还有其他多种情况也可以使用这种方法来共享库资源。比如，你是一家小公司的设计师，熟悉 Photoshop、InDesign、Illustrator 等设计软件，主要负责设计和维护公司的各种品牌资源。你的同事（营销部门的人、人力资源部门的人等）虽然不是设计师，不懂 Photoshop、Illustrator、InDesign 等设计软件，但工作中仍然需要使用公司的各类品牌资源，如公司 Logo（最新版）、图标、颜色、文本样式等。针对 Microsoft Office 系列软件，Creative Cloud 专门提供了一款插件。有了这款插件，即使不是设计师也可以在 Microsoft Office 系列软件中轻松浏览、使用 Creative Cloud 库中的资源，如图 9-2 所示。

也就是说，设计师可以专门给公司里那些使用 Microsoft Office 系列软件（如 Word、PowerPoint 等）办公的同事创建一个包含设计资源的库，并以只读方式分享出去，方便这些同事在自己的工作中使用相关资源。当设计师更新某个库中的资源时，所有共享该库的人都会得到更新后的资源。

> ♀ 提示　在 Microsoft Office 系列软件（如 Word、PowerPoint）中可以正常使用 Creative Cloud 库中的资源，但这些内容已经超出本书的讨论范围，在此不谈。更多内容请阅读 Microsoft 相关文档。

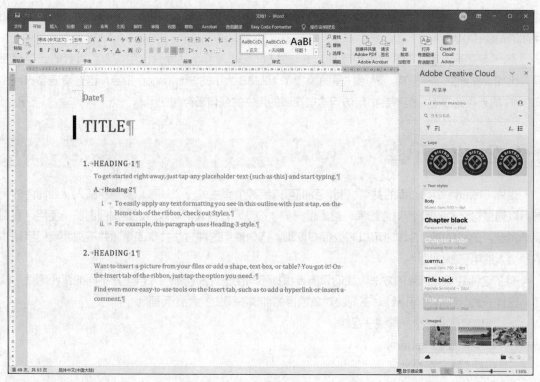

图 9-2

9.2.2 你需要什么

与其他设计师合作时，你和对方都必须是 Creative Cloud 会员，因为你们都要使用 Adobe 应用程序访问共享库中的资源。使用旧版本 Adobe 应用程序（如 Creative Suite 6 系列软件）的用户无法使用 Creative Cloud 库。

那些不使用 Adobe 应用程序但又想在 Microsoft 应用程序中使用共享资源的人可以在 Adobe 官网注册一个免费账户。免费账户享有 2GB 大小的 Creative Cloud 存储空间，用来保存 Logo、图标、颜色等资源足够了。

> ♀ 提示 在 Word 或 PowerPoint 中，依次选择【开始】>【加载项】，在弹出的窗口中单击【更多加载项】按钮。在【Office 加载项】窗口中搜索【Creative Cloud】，找到【Adobe Creative Cloud for Word and PowerPoint】后，单击【添加】按钮。

9.2.3 关注 Adobe 共享库

Adobe 组织一些专业设计师制作了一些共享库，里面有丰富的资源。使用 Creative Cloud 库时，你可以基于这些库快速构建好自己要使用的库。Adobe 共享库中包含丰富多样的资源，有渐变、UX 元素、字体（与 Adobe 字体同步）、图标等。

❶ 在你的计算机上打开 Creative Cloud 应用程序。

❷ 单击【Stock 和市场】选项卡标签，如图 9-3 所示。

❸ 单击【库】，访问 Adobe 在线 Creative Cloud 库。

图 9-3

❹ 单击某个库，在网页浏览器中浏览库资源。单击【添加到您的库】按钮，可订阅相应库，同时将其添加到自己的账户中，如图 9-4 所示。

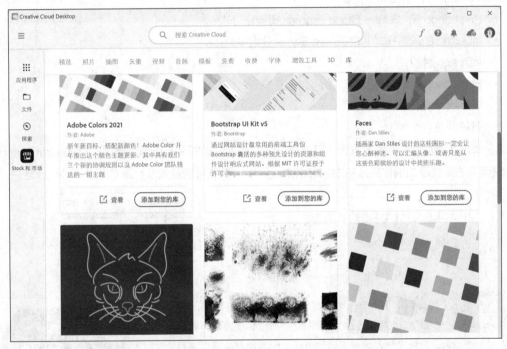

图 9-4

这些库就是我们前面说的 Adobe 共享库，任何人都可以通过公开的 URL 访问它们，单击【添加到您的库】按钮，可轻松把相应库添加到自己的 Creative Cloud 账户中。单击某个库底部的【添加到您的库】按钮，订阅这个库后，就能够以只读方式访问库中的所有资源。这有点儿类似于在 YouTube 或 Spotify 等流媒体平台上关注某位博主后，他发布的所有内容你都可以看（仅观看），包括博主以前发布的内容，以及后续发布的新内容。

9.2.4 浏览与订阅其他用户的共享库

为了顺利完成本练习的第一部分，我们已经为大家创建好了一个共享库。假设这个共享库出自一位设计师之手，他担任一家餐厅（Le Bistrot）的品牌经理。你需要使用这个共享库中的资源为这家餐厅做一个设计。

首先，把这个共享库添加到自己的 Creative Cloud 账户中。

若添加过程中遇到了一些技术问题，可以在 Lesson09\Imports 文件夹中找到这个共享库副本——
Le Bistrot branding.cclibs 文件，参考 9.2.7 "公开共享库" 中介绍的导入步骤，将其导入。导入完成后，
继续往下做。

❶ 打开网页浏览器，转到 adobe.ly/3OiHJdz。

💡注意 这里使用 Bitly.com 把原始 URL 缩短了。

❷ 滚动共享库，浏览其中的资源。

默认情况下，库资源的显示顺序是【按类型查看】。也就是说，库中所有资源是按类型显示的，
比如图形、颜色、3D 模型等。页面顶部显示着库中资源的总个数以及库的所有者，如图 9-5 所示。

❸ 单击【按组查看】按钮，可按自定义组查看库中所有资源，即根据作者自定义的类别显示库资源。
Le Bistrot branding 库包含如下资源：

· Photoshop 和 Creative Cloud Express 模板；

· InDesign 的段落样式（位于 Text Styles 分组中）；

· InDesign 片段；

· Photoshop 透明背景上的对象；

· Illustrator 图标；

· 各种颜色。

❹ 单击【添加到您的库】按钮，订阅（关注）该库，如图 9-6 所示。此时，Le Bistrot branding
库以只读库的形式添加到你的账户中。在这个过程中，系统可能要求你登录 Creative Cloud 账户。

图 9-5

图 9-6

💡注意 单击【创建副本】（Create a copy）按钮，添加到你的账
户中的是库的一个副本，你可以自由地编辑它。不过，当库所有者更
新了库中资源后，你将无法收到更新后的资源，因为你并没有订阅原
始库，你使用的只是原始库的一个副本。

当需要与大量用户共享资源时，通过公开的 URL 实现共享是一
个非常好的方法。

❺ 回到 Creative Cloud 应用程序中。

❻ 打开【文件】选项卡，浏览所有云资源，然后单击【您
的库】。

此时，新添加的库上出现【公共】标签，明确指出它是一个公
共库，如图 9-7 所示。

图 9-7

9.2.5 应用文本样式

为了更好地了解项目细节，我们先看一下最终制作好的 InDesign 文档。

① 启动 InDesign，按 Control+Option+Shift+Command（macOS）或 Alt+Shift+Ctrl（Windows）组合键，恢复默认首选项。

② 在出现的询问对话框中单击【是】按钮，删除 In-Design 首选项文件。

③ 在 Lesson09 文件夹中打开 L09-flyer-end.indd 文档，如图 9-8 所示。

这个设计中使用的各种资源都来自共享库，包括段落样式、Illustrator 图标、Photoshop 图像等。

💡 注意 为防止链接断开，这个文档中的所有图稿均被嵌入 InDesign 文档之中。

图 9-8

④ 关闭当前文档，但不要退出 InDesign。

接下来，我们使用共享库中的资源把刚才浏览过的设计复刻出来。

⑤ 在 Lesson09 文件夹中打开 L09-flyer-start.indd 文档，如图 9-9 所示。

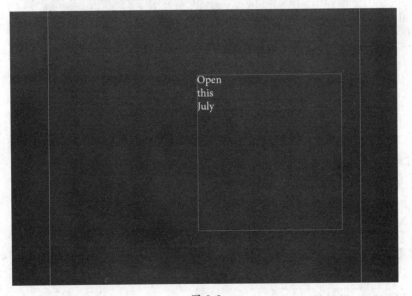

图 9-9

这个文档中包含一个背景图像和两个文本框。

⑥ 在菜单栏中依次选择【文件】>【存储为】，把文件另存为 L09-flyerWorking.indd。

⑦ 在菜单栏中依次选择【窗口】>【CC Libraries】，显示【CC Libraries】面板。

⑧ 在【CC Libraries】面板中，找到新添加的 Le Bistrot branding 库。

把鼠标指针移动到 Le Bistrot branding 库名称上，会出现一个地球图标。该地球图标代表 Le Bistrot branding 库是一个共享库，如图 9-10 所示。

图 9-10

> 💡注意　从本地导入 Le Bistrot branding.cclibs 文件不会显示地球图标，但你可以编辑它。

⑨ 使用【选择工具】 ▶ 在 InDesign 文档中选择顶部文本框。

⑩ 在【CC Libraries】面板中，单击 Le Bistrot branding 库，显示其中资源。向下拖动面板滚动条，找到【Text styles】，单击【Chapter black】文本样式，将其应用至所选文本框上，如图 9-11 所示。面板右下角有一个锁头图标，代表 Le Bistrot branding 库是只读的，无法编辑。

图 9-11

在【CC Libraries】面板中，单击某个段落样式时，InDesign 会打开【段落样式】面板，并把你单击的段落样式添加到其中。

⑪ 取消选择文本框。

9.2.6　置入素材

① 回到【CC Libraries】面板，打开面板菜单，从中选择【总是显示名称】，把所有资源的名称显示出来。

② 拖动面板右侧的滚动条，找到 Images/Photoshop snippets 分组，如图 9-12 所示。

找到名为 Leaf 的素材（一片葡萄叶），将其拖入当前文档中。

③ 按住鼠标左键，向右下方拖动，当尺寸变为原始尺寸的 22% 时，释放鼠标左键，完成置入。

把葡萄叶移动到文档页面的右上角，如图 9-13 所示。

图 9-12

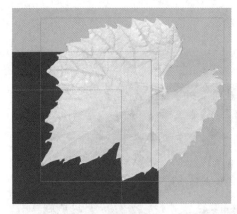

图 9-13

④ 把名为 photo frame 的素材（相框）拖入文档页面中，当尺寸变为原始尺寸的 6% 时，松开鼠标左键，完成置入，如图 9-14 所示。

⑤ 在【CC Libraries】面板中，返回至 Images 分组下。找到名为 young vines（葡萄藤）的图像，将其拖入文档页面中。按住鼠标左键，向右下方拖动，当葡萄藤图像高度与相框中间镂空部分的高度差不多时，松开鼠标左键，完成置入，如图 9-15 所示。

图 9-14

图 9-15

⑥ 使用鼠标右键单击相框对象，在弹出菜单中依次选择【排列】>【置于顶层】，将其移动到葡萄藤图像之上。

⑦ 使用【选择工具】 ▶ 调整葡萄藤图像的大小，使其完全隐藏在相框之后，给人一种其原本就是相框中的一部分的错觉。

⑧ 同时选中葡萄藤图像和相框，按 Command+G/Ctrl+G 组合键，把它们编入一个组中。

⑨ 把整个编组旋转 –8°，然后将其移动至主标题旁边，如图 9-16 所示。

⑩ 在【CC Libraries】面板中，再次把相框拖入文档页面中。然后使用名为 wine bar 的图像填充相框。最后把图像与相框编组在一起。

⑪ 把新相框编组稍微旋转一下，使其看起来更随意一些，然后将其移动到第一个相框下，且使其与第一个相框的右下角轻微重叠，如图 9-17 所示。

图 9-16

图 9-17

⑫ 在【CC Libraries】面板中，从 Logo 分组中把 Logo CMYK 素材拖入文档页面中。将其缩小为原来尺寸的 50%，并移动至页面左上角。

⑬ 把名为 twig 的素材拖入当前页面中。将其缩小为原来尺寸的 30%，并移动到页面右下角。同时，使其与第二个相框有一定程度的重叠，如图 9-18 所示。

图 9-18

⑭ 保存并关闭当前文件。

9.2.7　公开共享库

把一个 Creative Cloud 库公开共享后，其他人就可以正常关注或订阅它了。但用户无法关注或订阅自己拥有的库。也就是说，你无法把一个库共享给自己，如果你有两个 Adobe 账户则另当别论。

这里，我们给大家提供了一个库，该库由前面第 8 课中创建的 dinosaur 库导出得到。如果你的 Adobe 账户中还保留着这个库，你完全可以跳过如下步骤。倘若你已经把 dinosaur 库删除了，请按照如下步骤把它添加到你的账户中。

图 9-19

❶ 在 InDesign（或者其他某个 Creative Cloud 应用程序）中，打开【CC Libraries】面板菜单，选择【导入库】，打开【导入库】对话框，如图 9-19 所示。

❷ 在【导入库】对话框中，单击【选择库】，打开【选择库】对话框。

❸ 转到 Lesson09\Imports 文件夹，选择 Dinosaur.cclibs 文件。

❹ 单击【打开】按钮，此时显示出完整的库路径，单击【导入】按钮，在确认对话框中单击【确定】按钮。

接下来，我们创建一个公开的 URL，以便与其他人分享。有了公开的 URL，任何人都可以关注（订阅）dinosaur 库，使用里面的资源。

确保当前位于 dinosaur 库中，当前浏览的是其中的资源。

❺ 在【CC Libraries】面板中，打开面板菜单，选择【获取链接】，如图 9-20 所示。

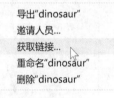

图 9-20

此时，打开 Creative Cloud 应用程序，同时显示出【将链接共享给"dinosaur"】对话框。

在这个对话框中，我们需要指定 URL 用户的权限。启用【允许保存到 Creative Cloud】后，用户无法自己创建具有完全编辑权限的库副本。启用【允许关注】后，用户可订阅相应库的只读版本。

通常，只有在需要严格遵守品牌指导原则并且库所有者负责监督更改的情况下，才启用【允许关注】。如果你很信任 URL 用户，允许他们维护和更新自己的库副本，或者允许他们自由地编辑，可启用【允许保存到 Creative Cloud】。

❻ 禁用【允许保存到 Creative Cloud】，然后单击【复制链接】按钮，如图 9-21 所示，再单击对话框右上角的关闭图标，关闭对话框。

禁用【允许保存到 Creative Cloud】后，URL 用户只能把库的本地副本保存至他们自己的账户中。当你希望自己的共享库副本是共享品牌的唯一来源时，你最好这么做。

图 9-21

⑦ 打开一个网页浏览器，把 URL 粘贴到地址栏中，加载 dinosaur 库。

单击页面右上角的用户头像，然后单击【登出】按钮，退出你的账户，以便能够看到没有 Creative Cloud 账户的人所看到的内容。

此时，所有资源都在浏览器中显示出来，同时出现一个【添加到您的库】按钮，如图 9-22 所示。

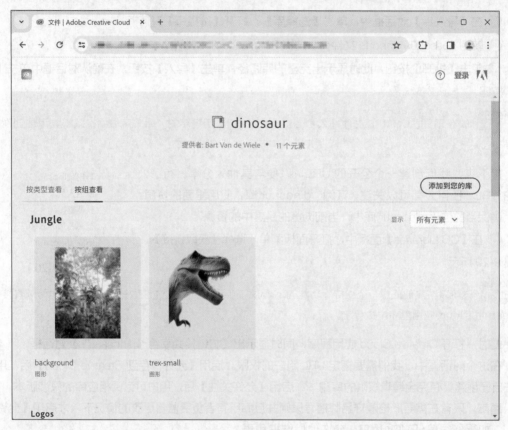

图 9-22

9.3 小范围共享 Creative Cloud 库

通过小范围共享 Creative Cloud 库，我们可以轻松建立一个协作系统，帮助你与同事们创建、共享、更新资源。做下面练习之前，你需要准备两个不同的 Adobe 账户：一个用于共享资源，另一个用于接受共享。

共享库最直接的方式是，邀请接受共享的对象加入库中。你可以在某个 Adobe 应用程序的库面板或者 Creative Cloud 应用程序中执行相应命令来发出邀请。当你发出邀请后，其他人必须接受邀请才能浏览与使用共享库中的资源。

邀请谁和不邀请谁完全由你决定。如有必要，接受共享的人可以自己创建一个共享库副本，保存到他们自己的 Adobe 云存储中。

邀请人加入 Creative Cloud 库时，你可以给每个受邀人设置权限。

• 编辑权限：允许用户（受邀人）使用、编辑、删除库资源。此外，他们还可以把资源添加到库中，使参与项目的每个人都能使用这些资源。

• 浏览权限：允许用户（受邀人）使用库中的所有资源。所有允许链接至库的资源（如用 Illustrator 或 Photoshop 制作的图形、图像）都作为只读实例链接。无法删除或编辑现有库资源，也不能向库中添加资源。

请注意，这些编辑和浏览属性旨在帮你建立协作工作流程，其目的不在于保护数据。共享只读库仍然允许接受共享的人把本地副本复制到他们自己的账户中，就像被邀请者可以邀请其他合作者一样。

9.3.1 使用场景

小范围共享创意云库最常见的应用场景是设计师共享品牌资源。我们通常认为 Creative Cloud 库是唯一的，它里面包含所有品牌资源。但事实上，只要你还有在线存储空间，你就可以创建任意数量的库。也就是说，你可以为特定相关人（比如外聘的自由职业者）单独创建一个库。

当公司外聘自由职业者来完成特定工作时，一般公司的 IT（Information Techology，信息技术）部门都会给他们提供一个账户名和密码，方便他们访问公司服务器，获取完成指定工作所需的品牌资源和项目文件。访问服务器可能需要额外花一些时间，而且自由职业者只能访问服务器的项目文件，不能访问其他任何内容。有些公司不喜欢使用这种方式，因为他们觉得很麻烦。他们经常使用文件传输系统向自由职业者发送"简报"包。

但是，经过前面的学习，我们知道普通云存储（或者文件传输系统）只能共享普通文件，无法共享颜色、文本样式，以及其他 Adobe 软件特有的资源。向自由职业者分享和介绍要用的资源、图层、文本样式或颜色不是一个容易的事情，尤其是当他们还是远程工作时。

相比开放公司服务器或通过文件传输系统发送文件，邀请自由职业者访问专门存放品牌资源与项目组件的库是一个更好的选择。这样做有助于自由职业者搜集特定设计资源，而且自由职业者可以直接在自己的 Adobe 软件中访问所有资源。

共享 Creative Cloud 库时，只要受邀人有免费的 Adobe 账户（非订阅计划用户），你就可以向他们发送邀请，他们也能正常地接受邀请。如果受邀人没有 Adobe 系列软件，那他们就只能在网络浏览器中浏览库资源，除此之外无法进行其他操作。如果另一个人需要浏览或审查所有项目资源，直接给他发邀请会比较方便。

9.3.2 共享、接受和使用私有库

为了更好地了解项目细节，我们先看一下最终制作好的 Photoshop 文档。

❶ 启动 Photoshop，在菜单栏中依次选择【Photoshop】>【首选项】>【常规】（macOS），或者选择【编辑】>【首选项】>【常规】（Windows），打开【首选项】对话框。

❷ 在【首选项】对话框中，单击【在退出时重置首选项】按钮，然后重启 Photoshop。

❸ 在 Lesson09 文件夹中打开 L09-banner-end.psd 文件。

④ 此时，Photoshop 弹出一个对话框，提示找不到链接的资源，如图 9-23 所示。单击【取消】按钮，关闭提示对话框。

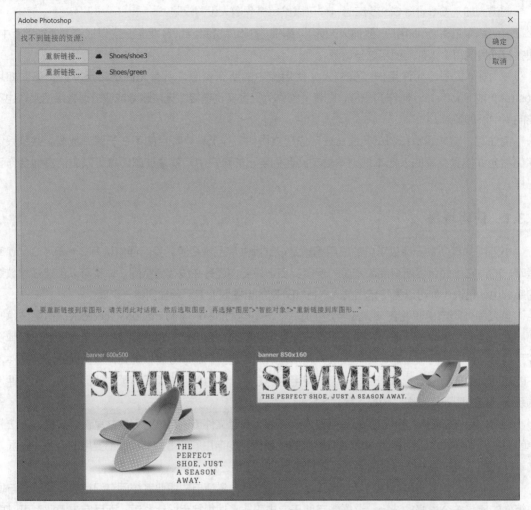

图 9-23

两个横幅中有几个元素链接至 Creative Cloud 库，但目前你还无法访问这个库。而且，横幅本身也是基于保存在同一个库中的 Photoshop 模板（PSDT 文件）制作的。接下来，我们学习如何接受共享，以及如何使用库中资源。两个横幅使用的资源一样：一双鞋、一个 Logo 图形以及文字。

⑤ 关闭文件。

9.3.3 导入库

在 Lesson09\Imports 文件夹中，我们已经准备好了库的本地副本。第 8 课中我们已经创建好了 Shoes 库，在其基础上稍做修改，就得到了这里要用的库。接下来，请严格按照如下步骤，导入新版本的 Shoes 库。

① 打开 Photoshop，在菜单栏中依次选择【窗口】>【库】，打开【库】面板。

② 按照如下步骤，从你的账户中删除旧的 Shoes 库：单击 Shoes 库，将其显示出来，打开面板菜单，选择【删除 Shoes】。在确认对话框中，单击【删除】按钮。

③ 导入新版本的 Shoes 库。再次打开【库】面板菜单,从中选择【导入库】,如图 9-24 所示。

④ 单击【选择库】按钮,转到 Lesson09\Imports 文件夹,选择 Shoes.cclibs。

⑤ 单击【确定】按钮,然后单击【导入】按钮,再在确认对话框中单击【确定】按钮,把本地库导入【库】面板中。

图 9-24

9.3.4 共享经验

下面我们学习两个方面的内容。一是,作为 Shoes 库的所有者,应该如何在小范围内共享 Shoes 库。二是,了解库共享接受者在接受邀请时都会经历什么。

在前面"公开共享库"小节中,我们学习了如何创建共享链接,以便每个人都能够通过它访问共享库。在 InDesign 中,使用【CC Libraries】面板菜单中的【获取链接】命令可以实现这个目标。在下面的场景中,我们希望邀请某些用户参与到项目中来。在 Photoshop 中,我们可以使用面板菜单中的命令邀请特定用户共享某个库,但这里我们打算使用 Adobe Creative Cloud 应用程序来做这个任务,实际上你可以从多个地方执行这些命令。

① 在你的计算机上打开 Adobe Creative Cloud 应用程序。

② 打开【文件】选项卡。

③ 单击【您的库】,显示你的 Creative Cloud 账户下的所有库。

此时,显示 Shoes 库。

④ 单击 Shoes 库,进入其中,如图 9-25 所示。

这个库中包含多种资源,它们属于不同的分组。左侧边栏中显示这些分组的层次结构,各个分组下又包含多个子分组,它们都是由库创建者创建的。

图 9-25

图 9-26

⑤ 单击软件界面右上角的【共享】按钮，启动共享，如图 9-26 所示。此时，显示出一个【邀请至 "Shoes"】对话框。

💡 提示 　不单击【共享】按钮，单击【更多操作】按钮，可以找到【获取链接】命令。

⑥ 在【邀请至 "Shoes"】对话框中，输入你希望与谁共享 Shoes 库。注意，请输入被邀请人的电子邮件地址。出于练习的需要，这里输入自己的电子邮件地址。这样，你就可以在自己的电子邮箱中看到邀请邮件了。不过，需要注意的是，除非你还有一个 Creative Cloud 订阅账号或免费的 Adobe 账号，否则你将无法收到邀请。

【邀请】对话框下部有一个菜单，用来指定被邀请人所拥有的权限，即允许他编辑库还是只允许他浏览库资源。

· 可编辑：被邀请人拥有库编辑权限。编辑权限包括对库资源、库结构进行编辑，向库中添加新资源，或者从库中删除已有资源，但是不包括删除库的权限。删除库操作将导致被邀请人失去参与资格，失去对库的访问权限。

· 可浏览：该权限产生的效果类似于【获取链接】命令。但是，其与【获取链接】命令最大的不同是，【可浏览】是基于邀请的，也就是说，你可以明确指定谁可以浏览与使用库资源。实际上，当你使用【获取链接】命令发布公开的 URL 时，你所能掌控的内容非常有限。

所有设置均保留默认值。

💡 注意 　你可以随时打开【邀请】对话框，针对特定用户修改这些设置。

⑦ 在【消息（可选）】文本框中输入一些信息，随邀请一起发送给被邀请人。例如，添加有关项目或库的详细信息，或者提供详细的联系方式，以便被邀请人在遇到问题时能联系你，如图 9-27 所示。

⑧ 单击【邀请】按钮，发送邀请。

一旦发出邀请，你就可以看到每个邀请对象的状态。由于你尚未接受邀请，所以当前状态显示为"待处理"，如图 9-28 所示。

图 9-27

图 9-28

💡 提示 　返回到图 9–28 所示的界面，可以撤销待处理的邀请。

⑨ 单击对话框右上角的关闭图标,关闭【邀请】对话框。

9.3.5 接受共享库邀请

接下来,我们一起了解一下被邀请人接受邀请进入 Creative Cloud 库后会看到什么。在这个过程中,我们需要转换一下角色,从库所有者转变为一个接受库共享的人(即项目合作者)。但在真实的库共享场景中,你只能充当其中一个角色。

① 在你的电子邮件收件箱中,打开邀请你加入共享库的电子邮件(以合作者的身份发送给你)。邮件中清楚地写明了邀请发起人的名字和共享库的名字。

② 单击【开始协作】按钮,如图 9-29 所示。

此时,你的 Creative Cloud 在线账户会询问你是否愿意接受邀请。在此之前,你可能需要登录自己的账户。

③ 单击【接受】按钮,接受邀请,加入共享库,如图 9-30 所示。

图 9-29

图 9-30

受邀人接受邀请后,发起人会收到一条确认信息。

④ 返回 Adobe Creative Cloud 应用程序。

⑤ 单击程序界面右上角的通知图标,可以看到一条已接受邀请的通知,如图 9-31 所示。

图 9-31

9.3.6 使用共享库

接受共享库邀请后,接下来,我们使用共享库中的资源创建一个小项目。这次,我们换一个身份,从库所有者变成共享库的使用者。我们大多数人只有一个 Creative Cloud 订阅账户,所以接下来我们继续使用共享库所有者的账户进行操作。

使用共享库中的模板

① 回到 Photoshop 中。

② 在 Lesson09 文件夹中打开 L09-banner-end.psd 文档,如图 9-32 所示。

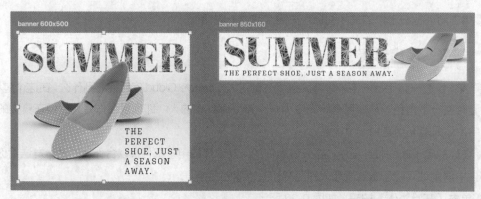

图 9-32

这一次，你不会收到关于链接缺失的错误信息了。这是因为当前图层所链接的 Creative Cloud 库在你的账户中是可用的。在项目中使用共享库中的资源前，请先确保共享库是可用的，这样打开资源文件时才不会出现链接缺失错误。请注意，多个图层的缩览图中都有一个云朵图标。

这个文档中包含两个网页横幅广告。接下来，我们学习如何创建其中一个横幅广告。

③ 关闭文件。

④ 在菜单栏中依次选择【窗口】>【库】，打开【库】面板。

⑤ 在【库】面板中，打开 Shoes 库。

⑥ 打开【库】面板菜单，选择【总是显示名称】，显示所有资源名称。

图 9-33

⑦ 在 Photoshop Assets/Templates 分组下，使用鼠标右键单击横幅模板，在弹出菜单中选择【打开新文档】，基于所选模板新建一个文档，如图 9-33 所示。

创建该 Photoshop 模板时，先把设计保存成普通的 PSD 文档，然后手动修改文档扩展名为 .psdt。这样创建好 Photoshop 模板后，将其拖入 Shoes 库中。在第 8 课的第一个练习中，我们就是这样做的。请注意，这个模板文档中使用的是画板，而不是锁定的背景图层。

通过添加多个画板，可以在同一个 Photoshop 文档中做多版设计或设计多种尺寸。

保存引用同一库资源的 Photoshop 模板（PSDT）、InDesign 模板（INDDT）和 Illustrator 模板（AIT）是交换资源的好方式。而且，不会丢失任何链接，因为所引用的库资源和模板保存在同一个库中。

> ♡ 提示 用传统方式（如电子邮件、服务器或云提供商）共享文档时，会先与协作者共享所引用的库，
> 然后共享文档本身。这样，他们首次打开文档时，就不会遇到链接缺失的问题了。

⑧ 在菜单栏中依次选择【文件】>【存储为】，把文件另存为 bannerWorking.psd。

⑨ 单击画布上的画板名称，在【属性】面板中查看其属性。

⑩ 单击画板右侧的加号，如图 9-34 所示，在右侧添加第二个画板。

⑪ 在【属性】面板中，把画板尺寸设置为 850 像素 ×160 像素，如图 9-35 所示。

⑫ 在【图层】面板中，双击画板名称，将其修改为 banner 850x160。按 Return/Enter 键，使修改生效。

图 9-34

图 9-35

9.3.7 置入共享资源

❶ 在 Shoes 库中，把名为 green 的资源拖入新画板中。green 资源位于 Summer 分组中。

> 💡 注意　若 Photoshop 弹出关于智能对象如何链接至库的信息，请单击【确定】按钮，继续往下操作。

❷ 放大图像，使其与画布高度保持一致，但要在底部留出一点空间，用来容纳一行文字，如图 9-36 所示。按 Return/Enter 键，使修改生效。

图 9-36

❸ 在【图层】面板中，新建一个图层。把新图层拖到 green 图层的下方。

> 💡 提示　按住 Command/Ctrl 键，单击【创建新图层】按钮，可在当前所选图层的下方新建一个图层。

❹ 在新图层处于选中状态的情况下，在【库】面板的 Summer 分组中，单击"渐变 1"。此时，新图层转换成渐变填充图层。

❺ 在【图层】面板中，双击渐变填充图层的缩览图，打开【渐变填充】对话框，如图 9-37 所示。

❻ 在【渐变填充】对话框外，在画布上，按住鼠标左键，慢慢向上拖动，将渐变略微上移。当渐变的略暗部分移动到画布中间时，停止拖动，效果如图 9-38 所示。

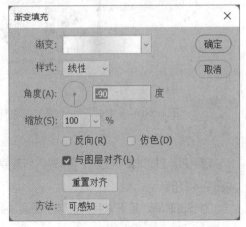

图 9-37

图 9-38

⑦ 单击【确定】按钮，关闭【渐变填充】对话框。

⑧ 选择【横排文字工具】 T, 在画布内部单击，新建一个文字图层。默认情况下，Photoshop 会在文字图层中添加一些文字。

> ♀ 注意 你看到的默认字体可能和截图中的不一样，这十分正常。

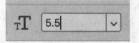

图 9-39

⑨ 输入文字之前，把字体大小设置为 5.5，如图 9-39 所示。

⑩ 使用【移动工具】 ✛, 把文字移动到 SUMMER 图像之下，并进行左对齐，如图 9-40 所示。

图 9-40

⑪ 在 Shoes 库中，单击 Aglet Slab 文本样式，将其应用至文字，如图 9-41 所示。

图 9-41

> ♀ 提示 InDesign 与 Illustrator 提供段落样式，可轻松格式化大量文字，但 Photoshop 只支持字符样式。

⑫ 使用【横排文字工具】 T, 输入所需要的文字 "THE PERFECT SHOE,JUST A SEASON AWAY"，如图 9-42 所示。

为节省时间，接下来我们把鞋子图层从另一个画板复制到新画板中。

图 9-42

⑬ 按住 Option/Alt 键，把所选图层拖入 banner 850x160 画板图层进行复制，将其放在 green 图层和渐变图层之上，如图 9-43 所示。

图 9-43

> 💡 **提示** 首先释放鼠标按键，然后再释放 Option/Alt 键。

⑭ 按 Command+T/Ctrl+T 组合键，进入自由变换模式。

⑮ 移动并缩放鞋子图层，使其位于横幅右侧。请确保图像的大部分能够显示出来，如图 9-44 所示。按 Return/Enter 键，使修改生效。

图 9-44

⓯ 保存当前文档。

9.3.8　重新链接库资源

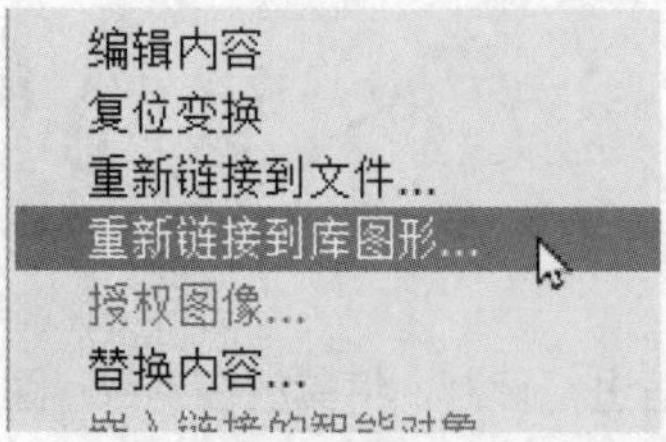

编辑内容
复位变换
重新链接到文件...
重新链接到库图形...
授权图像...
替换内容...
~~贴入链接的智能对象~~

图 9-45

所有资源都链接到同一个源，为了证明这一点，接下来我们切换不同的鞋子图像来更新两个横幅。

❶ 在【图层】面板中，使用鼠标右键单击其中一个鞋子图层名称，在弹出菜单中选择【重新链接到库图形】，如图 9-45 所示。

❷ 在【库】面板中，单击 shoe2，然后单击面板底部的【重新链接】按钮。

此时，两个图层都已更新为新的鞋子图像，如图 9-46 所示。这是因为它们都链接到同一个源。链接的库资源其实都是 Photoshop 中的智能对象，也就是说，对象的所有副本都将链接到同一个源。

图 9-46

💡 提示　先在【图层】面板中选择图层，然后在【属性】面板中单击【嵌入】按钮，可把链接的库资源转换成（未链接的）普通智能对象。

❸ 保存文档，然后关闭它。

9.3.9　撤销访问权限时会发生什么

一旦用户获得了某个库的访问权限（私人共享或公开共享），那么他在文件中使用的所有资源必定会链接到原始共享库。不管使用什么方式参与共享，对共享库的更改都会影响到所有参与共享的用户。这样一来，撤销库的访问权限可能会导致严重后果。

当通过邀请或【获取链接】命令重新访问共享选项时，你可以撤销共享库的访问权限。这样，共享库会从所有参与共享的人的账户中消失，那些使用共享库资源的项目中会出现大量找不到链接的资源。正因如此，我们在共享库资源时一定要特别小心。归根结底，这是一个建立合作的过程，而合作需要交流沟通。

💡 提示　共享库时，你可以随时更改一个用户的权限（浏览权限或编辑权限），也可以完全撤销某个用户的访问权限。

当你打算删除共享库或删除用户对其的访问权限时，请在操作之前尽量把你的决定告知相关人员。

这样，他们就有机会把库的本地副本保存到自己的账户中（如果启用了该权限），或者把所有链接的内容嵌入他们自己的项目中。保存了库的本地副本后，仍然需要把所有资源重新链接至新创建的副本上，具体操作方法是：在 InDesign 或 Illustrator 中使用【链接】面板；在 Photoshop 中使用鼠标右键单击一个图层，然后在弹出菜单中选择【重新链接到库图形】。

9.3.10　通过 Creative Cloud 移动应用程序共享资源

前面我们学习了如何使用某个设计程序、Creative Cloud 应用程序，以及通过网络在小范围内共享 Creative Cloud 库。

除此之外，还可以使用 Creative Cloud 移动应用程序（包括 iOS 版、iPadOS 版、Android 版）创建、浏览、共享库。这是一种随时随地管理品牌资源的好方法。借助 Creative Cloud 移动应用程序，我们还可以轻松查看其他在线资源、浏览和同步 Adobe 字体以及观看相关视频教程。

① 在移动设备上启动 Creative Cloud 移动应用程序。

② 点击【登录】按钮，如图 9-47 所示，登录账户，访问资源库。

③ 点击【文件】图标，如图 9-48 所示。

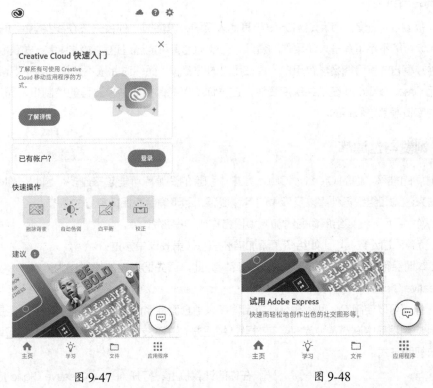

图 9-47　　　　　　　　　　　　　　　图 9-48

④ 在【文件】页面上，单击【库】选项卡标签，浏览所有资源库。

⑤ 单击某个库名称右侧的 3 个点，在弹出的菜单中点击【共享】菜单，【共享】菜单下有【共享】与【邀请用户】两个子菜单，如图 9-49 所示。单击子菜单中的【共享】菜单，会生成当前库的链接，你可以把这个链接发送给其他人，或者单击子菜单中的【邀请用户】菜单，添加其他协作者以共享当

前库。

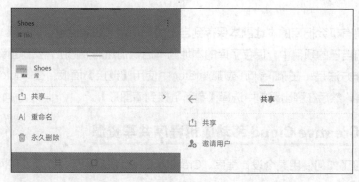

图 9-49

9.3.11　离线共享库

下面再讲一种共享库的方法。在第 8 课中，我们学习了如何把一个库导出为本地副本，以 CCLIBS 文件的形式保存到本地硬盘上。虽然大多数用户把导出库为本地副本看作备份库的一种方法，但这种方法其实也可以用来共享库。由于 CCLIBS 文件是一个本地文档，所以你可以将其放置在服务器上、U 盘中，或使用第三方云服务分发它。接收者只需要把离线库文件（CCLIBS 文件）导入他们自己的账户中使用即可。

不过，需要注意的是，使用这种方法与其他人离线共享库时，你会失去在线共享库所拥有的控制权。而且，你可能不希望有些人使用你的资源，但他们也有可能通过这种离线共享方式获取你的资源。此外，这种共享方式有可能会导致用户一直在用过时的资源，而你对此毫不知情。为了规避这些问题，建议你使用 Creative Cloud 在线共享库资源，这样你不仅能保持对共享过程的控制权，而且还能确保用户用到的库资源都是最新的。

9.3.12　浏览与过滤库

随着时间的推移，你的 Creative Cloud 账户中积累的资源库可能越来越多，因此，你有必要找到合适的方法来过滤和组织各种库以及库中的各种资源。尽量确保库保持良好的状态：

· 正确命名库，比如给库命名时加入项目名称或客户名称。

· 给资源添加元数据，比如给资源添加描述信息（第 8 课中学过）。

· 在本地保存库的副本，清除不需要的库。为此，请先把指定的库导出为 CCLIBS 文件，然后将其从 Creative Cloud 库中删除。

此外，你还可以使用 Creative Cloud 应用程序来更全面地了解当前控制的所有库。但是，在 Creative Cloud 应用程序中浏览各种库时，有时默认视图方式并不友好。在这种情况下，你可以按照如下步骤，更改视图方式。

图 9-50

❶ 在你的计算机上，打开 Adobe Creative Cloud 应用程序。

❷ 打开【文件】选项卡，显示你的云资源。

❸ 在左侧栏中，单击【您的库】。

❹ 单击窗口右上角的列表按钮，如图 9-50 所示，切换列表视图。

在列表视图中，共享列显示着库的共享状态，如图 9-51 所示。

图 9-51

⑤ （可选）单击【过滤器】按钮，可根据库的共享状态，在当前视图中包含或排除特定库，如图 9-52 所示。

图 9-52

9.4　总结

前面我们学习了使用 Creative Cloud 库在线分享库资源的各种方法，接下来，我们再看本课开头提出的问题。

你打算如何分享库资源？

· 你只是和有限的几个人（一个或多个）分享库资源吗？

· 是否想和一大群人分享库资源，而这些人的电子邮件地址你有的知道，有的不知道？

一旦你知道了这些问题的答案，你就能选出最合适的库资源分享方法，如图 9-53 所示。

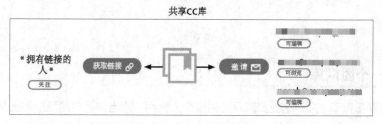

图 9-53

如果你想了解更多有关共享库的内容，比如可以有几个分享活动，库中可以存储多少资源，以及可以邀请多少用户，请查阅 Adobe 帮助页面。

9.5 私有库与团队库

掌握了共享 Creative Cloud 库的各种方法后，接下来，最重要的是理解库所有权和库资源所有权的原则。根据你的 Creative Cloud 会员资格类型，库的所有权可能属于你个人，也有可能属于你的组织。

私有库

图 9-54

使用 Creative Cloud 个人许可证创建的库称为私有库，如图 9-54 所示。也就是说，每个库都会自动存储在你的账户中，并且一直保持私有状态，除非你使用本课介绍的方法将其主动共享给其他人。此外，其他共享资源库的人无法把库的所有者从协作中移除。

当个人用户或组织成员使用 Creative Cloud 团队版或企业版许可证创建库时，会显示出更多可用选项。这些选项允许用户指定某个库（及其资源）是归个人用户所有还是归整个组织所有。组织所拥有的库称为团队库，把某个库保存为团队库后，组织中的每个人会自动订阅（关注）它，而且无须使用【获取 URL】命令。这大大提高了多人协作的效率，同时也是一种在组织内部共享资源的好方法，类似于把文件保存到公司服务器供每个人访问。当向某些人授予编辑权限时，你仍然可以像以前一样使用【邀请】命令。

> 💡提示 Creative Cloud 的个人会员所拥有的肯定是个人账户。如果你的账户是雇主给你的，那么你当前的身份很可能是团队成员或企业成员。如果你想搞清楚这一点，可以联系公司的 IT 部门或进入 Adobe 官网登录自己的账号页面进行了解。

团队库还能确保在有人离开组织时，共享文件的链接仍然是完整的，如图 9-55 所示。

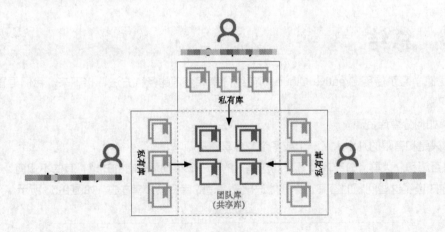

图 9-55

9.5.1 新建一个团队库

把资源添加到私有库之后，这些资源只能供你个人使用。而当你把资源添加到团队库之后，组织中的每个成员都可以使用它们。但你可以控制团队成员对库资源的访问权限，是允许他们编辑库资源，还是只允许他们浏览库资源。

考虑以下场景。你在当地一家广告公司工作，现在你需要处理前面使用过的 Summer Shoes 品牌资源。由于考虑到其他设计师也会参与相关工作，所以你需要一个中央存储设备来集中存放你创建的各种库。创建、存储和访问普通设计文件非常简单，你只需要把它们存储在公司的共享服务器上即可。但是，你应该如何分享包含设计文件的 Creative Cloud 库呢？这个时候，团队库就派上大用场了。把所有库转换成团队库后，公司里的所有人（借助 Creative Cloud 应用程序）都可以浏览共享库中的资源，在其中找到并使用他们所需要的资源。

❶ 在你的计算机上打开 Creative Cloud 应用程序。

❷ 打开【文件】选项卡，显示你的云端资源。

❸ 在左侧栏中，单击【您的库】。

❹ 在右侧，单击【浏览全部】按钮，如图 9-56 所示，打开库浏览器。

图 9-56

❺ 在这里，你可以查看和浏览所有共享库，以及选择关注你需要的库，如图9-57所示。若要关注库，请将鼠标指针悬停在该库上，然后单击【添加】按钮。

图 9-57

9.5.2 不要把所有鸡蛋放在一个篮子里

但是，如果共享库的所有者决定离开团队，该怎么办？

假设你是某个组织（公司）的一员，该组织雇用了 5 名设计师，Alex 是团队领导。Alex 创建了一个包含品牌资源的库。他非常了解这个品牌，负责策划和维护库。组织购买了 Creative Cloud 团队版许可证，Alex 使用的正是该许可证。Alex 不知道私有库和团队库之间的区别，他决定将库创建为私有库。

Alex 在 InDesign 中使用【获取链接】命令创建一个公开 URL，用来与其他人共享库。创建好 URL 后，Alex 把它分享给了团队的其他成员。接下来的几个月中，设计师们使用 Photoshop、Illustrator 和 In-Design 创建了多个项目，这些项目全都链接到了 AlexCreative Cloud 账户下的库。

过了一段时间，Alex 决定换一个岗位。在新岗位上 Alex 不再需要使用 Creative Cloud 会员资格，所以 IT 部门的同事取消了其 Creative Cloud 会员资格。这样一来，Alex 的所有库和共享 URL 都会消失，导致同事负责的项目中出现链接缺失问题。之所以发生这种情况，是因为 Alex 一开始就把库定义为私有库，而非团队库。如果 Alex 当初创建的是团队库，那么当其 Creative Cloud 会员资格被取消时，就不会出现上述问题。

9.5.3　把私有库转换为团队库

如果你的 Creative Cloud 会员资格允许你创建私有库和团队库，那就很有必要了解一下如何在这两种类型的库之间转换。如果你想了解更多有关团队库的内容，请查阅 Adobe 帮助页面上的文档。

图 9-58

❶　在你的计算机上打开 Creative Cloud 应用程序。

❷　确保资源库显示在图标视图下。

❸　在私有库缩览图的右上角单击【更多选项】按钮。

❹　在弹出的菜单中选择【移至团队】，如图 9-58 所示。

9.6　使用云文档协作

接下来，我们一起花点儿时间深入了解一下云文档。对于云文档，你应该很熟悉了，在第 2 课 "用 Photoshop 内容丰富 Illustrator 作品" 中我们已经使用过它们。如果你跳过了相关内容，请返回到 "在 Illustrator 中使用 Photoshop 云文档" 一节学习。

9.6.1　什么是云文档

Creative Cloud 正在迅速发展成一种解决方案，使你能够将原生 Adobe 文档直接保存到 Adobe 云基础设施中。云文档是 Adobe 原生格式的特殊版本，该格式为多人协作提供了更丰富的功能和特性。撰写本书时，你可以将以下内容保存成云文档。

- Adobe Photoshop 文件，即 PSDC 文件。
- Adobe Illustrator 文件，即 AIC 文件。
- Adobe InDesign 文件，即 INDDC 文件。
- Adobe XD 文件，即 XDC 文件（相关内容不在本书讨论范围内）。

Adobe Fresco 和 Adobe Aero 等软件使用云文档作为其原生文件格式。

虽然保存云文档会占用你的 Creative Cloud 账户的在线存储空间，但在把一个文件保存成云文档后，访问起来非常方便。无论是 Creative Cloud 应用程序、Creative Cloud 网站、Creative Cloud 移动应用程序，还是 Illustrator、Photoshop 等单个设计程序都可以轻松地访问它们。

9.6.2　云文档与 Creative Cloud 库

云文档与 Creative Cloud 库不一样。库允许你在 Creative Cloud 应用程序中保存独立资源和片段。

库还允许你把文件保存成 PDF 或 JPEG 等格式，或保存为原生 Adobe 文档。这一切都是为了在一个或多个项目中重用这些资源。云文档本身是完整的，类似于 AI、PSD 或 INDD 文件，被保存在云端。它是一种原生的 Adobe 文件格式，拥有一些独特的优点。

> 💡 提示　需要注意的是，云文档是无法存储到 Creative Cloud 库中的。

成为 Creative Cloud 会员后，你几乎可以在所有桌面应用程序和移动应用程序中使用 Creative Cloud 库。由于支持微软系列产品和第三方自动化功能，库已成为 Adobe 生态系统中不可或缺的一部分。

云文档仅适用于单个 Adobe 应用程序，这可能会限制它们在某个应用程序项目中的使用。最近云文档的更新已经使其具备了一定的跨应用程序的能力，例如，在第 2 课中，我们就把一个链接的 Photoshop 文档置入了 Illustrator 之中。

9.6.3　云文档的优点

把文件保存成云文档有一个显著的好处，那就是只要你登录自己的 Creative Cloud 账户，不论身在何处，都可以轻松获取它们。这样，我们就可以很轻松地在不同计算机（比如从台式计算机换成笔记本计算机）上处理同一个云文档，方便地把一个云文档置入另一个文件中，就像第 2 课中所做的那样。

此外，还可以把一个文件的不同版本作为单个文件保存到云端，如图 9-59 所示。这样，我们就可以轻松查看或恢复到之前保存的某个版本。有关这方面的更多内容，请阅读 Adobe 帮助页面。

图 9-59

最后，你可以与其他人共享和协作处理云文档。通过共享，你可以轻松地把其他人创建的文件直接从云端置入你的文档中。

9.6.4　在线工作与离线工作

云文档是在线保存的，所以你需要连接网络才能查看或编辑它们。当在 Photoshop 或 Illustrator 中打开一个云文档时，系统会先复制一个副本到本地，然后你才能处理它。修改副本后，所有更改都会被保存并同步至 Adobe 云服务器上的原始文件。

如果你希望每次启动计算机时都能立马使用指定的云文档，而不必先下载它，请在 Creative Cloud 应用程序把该文件的副本指定为离线可用。

① 在你的计算机上打开 Creative Cloud 应用程序。

② 打开【文件】选项卡。

③ 在【您的文件】类别（默认处于选中状态）下，使用鼠标右键单击希望脱机使用的文档，在弹出菜单中选择【使其始终离线可用】，如图 9-60 所示。

图 9-60

> 💡 注意　只要有互联网连接，对云文档离线版本所做的更改就会同步到 Creative Cloud 中。

9.7　共享云文档

共享云文档主要有两个目的：合作编辑和评论。接下来分别进行讲解。

9.7.1　合作编辑

要实现合作编辑，就必须允许其他人使用他们自己的 Creative Cloud 账户直接编辑你的文档。也就是说，多个设计师可以共同处理同一个原始文件，而不必每个设计师分别创建一个副本。这就像把一个文档保存到公司服务器上供多个团队成员访问一样，但一次只允许一个用户访问文档。也就是说，当你编辑完一个文件后，必须先关闭它，这样其他人才能编辑它。

> **提示** 一般来说，一个用户一次只能处理一个文件，但 Adobe XD 是个例外，它允许多个用户同时编辑一个实时文档。

以合作编辑为目的的共享云文档让你可以轻松地与他人交换资源，不必通过文件传输系统手动发送文件，也不必通过第三方云解决方案或 USB 闪存驱动器来发送文件。你的云文档存在于你的 Creative Cloud 存储空间中，只要你启动 Photoshop 或 Illustrator 等应用程序，就可以轻松获取并使用它们。

当你不在时，合作编辑文档是与其他人共享你的文档的好方法。下面举几个例子。

- 当你外出度假时，希望远程工作的同事访问你的文档。
- 当你需要与他人共享整个文档时。
- 当其他人需要重复使用或复制你设计的一部分时。
- 当有人需要通过链接或嵌入方式将你的共享文件放入他们自己的设计中时。

9.7.2 共享云文档

共享云文档就像共享 Creative Cloud 库一样简单。

❶ 启动 Illustrator，在菜单栏中依次选择【Illustrator】>【首选项】>【常规】（macOS），或者选择【编辑】>【首选项】>【常规】（Windows），打开【首选项】对话框。

❷ 单击【重置首选项】按钮，然后单击【确定】按钮，关闭【首选项】对话框。

❸ 在确认对话框中，单击【立即重新启动】按钮，重新启动 Illustrator。

❹ 进入 Illustrator，在 Lesson09\Imports 文件夹中打开 communication.ai 文档。

❺ 在菜单栏中依次选择【文件】>【存储为】。

❻ 在【存储为】对话框中，单击【存储云文档】按钮，将其保存成云文档，如图 9-61 所示。

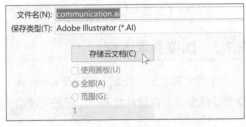

图 9-61

❼ 单击【保存】按钮，把文件保存到 Creative Cloud 存储空间中，如图 9-62 所示。

在文档窗口顶部，你会注意到文件名旁边有一个云朵图标，以及变化后的文件扩展名。把文件保存成云文档后，文件就会变成 AIC 文档，你可以将其分享给其他人。

❽ 在软件界面右上角单击【共享】按钮，启动共享，如图 9-63 所示。

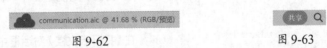

图 9-62　　　　　　　　　　　　　　图 9-63

❾ 在弹出的面板中，单击底部的【邀请编辑】，进入【共享文档】面板中，如图 9-64 所示。

讲共享库时提到的共享原则也适用于共享云文档：你是想邀请特定人共享云文档，还是想创建一个公开的 URL，允许所有人查看文档？接下来，我们尝试把云文档分享给特定的人。

❿ 在【共享文档】面板中，确保【仅供受邀请人员访问】处于选中状态，如图 9-65 所示。单击【设置】左侧的回退箭头，返回主界面。

⓫ 在【添加姓名或电子邮件】文本框中，输入受邀者的姓名或电子邮件地址，按 Return 或 Enter 键，

弹出【邀请他人编辑】界面，如图 9-66 所示。注意输入电子邮件地址时，请不要输入你的 Creative Cloud 账户的电子邮件地址，这里只是做一下演示。

图 9-64

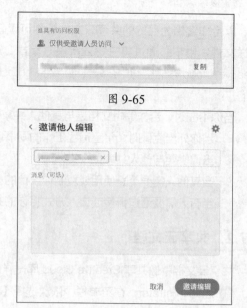

图 9-65

图 9-66

⑫ 在【消息（可选）】文本框中输入一些信息，帮助受邀人搞清楚共享给他们的原因。

⑬ 单击【邀请编辑】按钮，发送邀请。

9.7.3　浏览共享邀请

在这个演示中，受邀人需要有 Creative Cloud 会员资格才能使用该文件，所以你有可能无法按照这些步骤操作。在这种情况下，仔细阅读这些步骤，充分理解整个过程即可。

图 9-67

❶ 在邀请邮件中，单击【打开】按钮，在网页浏览器中浏览共享文件，如图 9-67 所示。

❷ 使用受邀人的 Creative Cloud 账户，启动 Illustrator。

❸ 在菜单栏中依次选择【文件】>【打开】。

❹ 在【打开】对话框中，单击【打开云文档】按钮。

❺ 在【打开云文档】对话框中，单击【与您共享】类别，浏览共享文档，如图 9-68 所示。

此时，你可以打开并编辑共享文档。另外，你还可以把共享文档置入其他 Adobe 应用程序（如 Photoshop）中。无论做什么，请记住一点，你操作的是原始文档，不是共享副本。因此，其他参与者可以看到你对这个文件所做的每一个编辑。

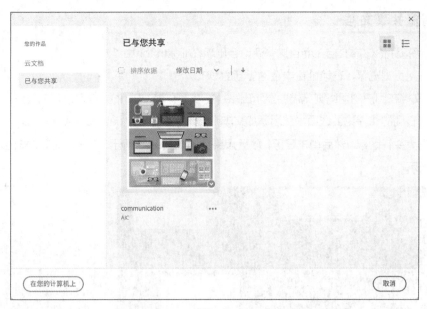

图 9-68

⑥ 关闭文件。

9.7.4 对文档进行评论

当你以公开 URL 的方式与其他人共享云文档时,他们可以在网络浏览器中对你的文档进行评论。这是一个非常有效的方法,可以从相关人员那里收集到有价值的反馈信息。

① 确保当前使用的 Creative Cloud 账户就是当初保存原始 communication.aic 文档所用的账户。

② 在右上角,单击【共享】按钮,在【共享文档】面板中单击齿轮按钮。

③ 在【设置】面板中,打开【评论】,如图 9-69 所示。

④ 单击【设置】左侧的箭头,返回【共享文档】面板中,在底部选择【具有此链接的任何人均可发表评论】,再单击【复制】按钮,把链接复制到剪贴板,如图 9-70 所示。

图 9-69

图 9-70

9.7.5　浏览共享文档

受邀人可以评论你的文档，而且这些评论会出现在 Illustrator 中。

❶ 打开网页浏览器，在地址栏中粘贴复制的 URL。

此时，文档在用户的网络浏览器中显示出来，所有拥有该 URL 的人都可以对文档进行评论。

❷ 单击右侧的【评论】选项，然后添加文本 Change calendar date to 11th of Feb。

❸ 单击大头针图标，然后单击日历，放置大头针，如图 9-71 所示。单击【提交】按钮，提交评论，如图 9-72 所示。

图 9-71

图 9-72

❹ 此时，系统提示你先登录。 选择是使用现有的（可以是免费的）Adobe 账户，还是以游客身份发表评论，如图 9-73 所示。

图 9-73

系统会把评论添加到文档中，并通过 Creative Cloud 应用程序和电子邮件通知设计师。

9.7.6　在 Illustrator 中浏览共享评论

下面我们在 Illustrator 中浏览收到的评论。

❶ 回到 Illustrator 中，确保 communication.aic 文件仍处于打开状态。

❷ 在菜单栏中依次选择【窗口】>【注释】，打开【注释】面板。

评论显示在【注释】面板中，大头针直接显示在 Illustrator 文档中，如图 9-74 所示。

注释
communication
云文档
复制
添加评论
取消
提交
请把日历日期修改为2月11日。
回复
MAR

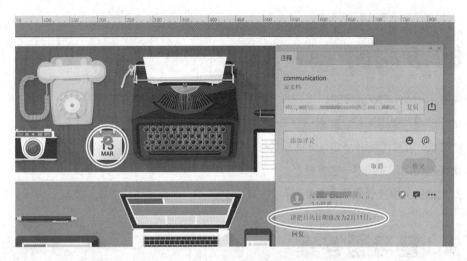

图 9-74

在 Illustrator 的【注释】面板中，不仅可以查看评论，还可以回复评论。在【注释】面板中，单击【解决】图标，可以把请求的标记变更为已解决。

9.7.7 共享限制

如果你是 Creative Cloud 企业版会员，那你在使用 Creative Cloud 库或云文档时可以对共享功能做一定限制，如图 9-75 所示。限制设计师共享功能主要是出于安全策略或项目保密的考虑。你可以对设计师施加的限制包括取消通过公开的 URL 共享（【获取链接】命令），把邀请人员限制为同一电子邮件域的用户，以及邀请使用不同电子邮件域的人共享库时将其使用的电子邮件域添加至白名单。试图使用带有这些限制的共享命令可能会引发用户错误，而且这个错误会把你重定向到你的 IT 部门。这些设置只有在你的单位使用联合或企业 Creative Cloud 账户时才能使用。

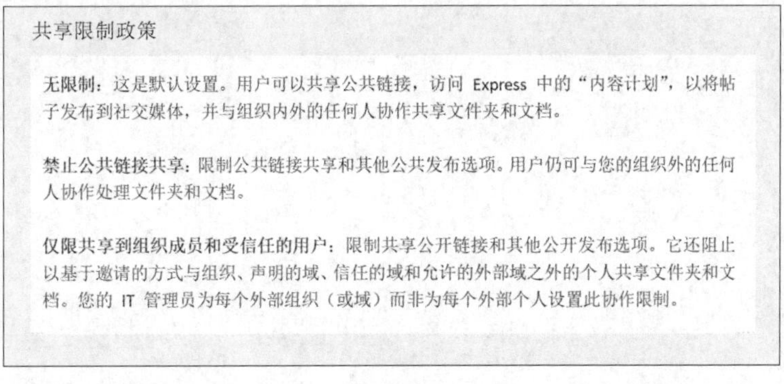

共享限制政策
无限制：这是默认设置。用户可以共享公共链接，访问 Express 中的“内容计划”，以将帖子发布到社交媒体，并与组织内外的任何人协作共享文件夹和文档。
禁止公共链接共享：限制公共链接共享和其他公共发布选项。用户仍可与您的组织外的任何人协作处理文件夹和文档。
仅限共享到组织成员和受信任的用户：限制共享公开链接和其他公开发布选项。它还阻止以基于邀请的方式与组织、声明的域、信任的域和允许的外部域之外的个人共享文件夹和文档。您的 IT 管理员为每个外部组织（或域）而非为每个外部个人设置此协作限制。

图 9-75

注意　有关设置这些共享限制的详细信息，请参阅 Adobe 的帮助页面。

9.8　复习题

❶ 共享 Creative Cloud 库时，【获取链接】和【邀请】命令有什么不同？

❷ 相比按资源类型浏览，按组浏览 Creative Cloud 库有什么优势？

❸ "关注"某个 Creative Cloud 库是什么意思？

❹ 请说出使用云文档的一些好处。

❺ 云文档的共享接受人是否需要有有效的 Creative Cloud 会员资格才能对文档发表评论？

9.9　复习题答案

❶ 当希望使用公开的 URL 把资源库共享给陌生人时，可以使用【获取链接】命令。当采用这种方式共享资源库时，接受共享的人对资源库只有浏览权限。当然，他们也可以把资源库的一个副本保存到自己的 Creative Cloud 账户中。使用【邀请】命令共享资源库时，你需要明确指定接受共享的人，即输入他们的电子邮件地址。这样做的好处是，你可以控制谁能访问目标资源库，以及拥有什么权限（浏览与编辑）。

❷ 按组浏览 Creative Cloud 库时，允许你浏览作者自定义的资源类别。

❸ 关注资源库是一种订阅资源库的方式。关注一个资源库后，你就拥有了对它的浏览权限。作者对该资源库进行的所有更改都会自动推送给你。

❹ 使用云文档有诸多好处，比如控制版本、在线协作、收集评论，以及随时随地访问云文档等。

❺ 接受云文档共享的人必须拥有 Creative Cloud 账户（免费或付费账户）才能对共享文档发表评论。